# JOHANNES HAGER
# FLUSSKREBSE

JOHANNES HAGER

# FLUSSKREBSE

## Biologie · Zucht Bewirtschaftung

Leopold Stocker Verlag
Graz – Stuttgart

Umschlaggestaltung:
Werbeagentur Rypka GmbH, 8143 Dobl/Graz, www.rypka.at
Umschlagfoto: Wolfgang Hauer, Scharfling

Bildnachweis: *J. Hager*: alle Grafiken im Buch; Rückseite 2. und 3. Bild; S. 12, 17 oben, 26, 44, 45 alle, 47, 48, 50,52, 53, 55, 56 alle, 59, 70, 73, 79, 80, 81, 82, 83, 88, 111, 122; *W. Hauer:* Rückseite oben; S. 13, 21, 22, 24 oben rechts und links, 25, 28, 29, 31, 33, 43, 46 alle, 49, 51, 57, 65, 69, 72, 95, 97, 106, 116; *R. Pekny:* Rückseite unten; 17 unten, 24 unten links, 54, 58, 63, 64, 74, 93, 100, 101, 109, 110, 114; *W. Köstenberger:* 24 unten rechts

Der Inhalt dieses Buches wurde vom Autor und vom Verlag nach bestem Gewissen geprüft, eine Garantie kann jedoch nicht übernommen werden. Die juristische Haftung ist ausgeschlossen.

Bibliografische Information der Deutschen Nationalbibliothek
Die Deutsche Nationalbibliothek verzeichnet diese Publikation in der
Deutschen Nationalbibliografie; detaillierte bibliografische Daten sind
im Internet unter http://dnb.d-nb.de abrufbar.

Hinweis: Dieses Buch wurde auf chlorfrei gebleichtem Papier gedruckt. Die zum Schutz vor Verschmutzung verwendete Einschweißfolie ist aus Polyethylen chlor- und schwefelfrei hergestellt. Diese umweltfreundliche Folie verhält sich grundwasserneutral, ist voll recyclingfähig und verbrennt in Müllverbrennungsanlagen völlig ungiftig.

Auf Wunsch senden wir Ihnen gerne kostenlos unser Verlagsverzeichnis zu:
Leopold Stocker Verlag GmbH
Hofgasse 5/Postfach 438
A-8011 Graz
Tel.: +43 (0)316/82 16 36
Fax: +43 (0)316/83 56 12
E-Mail: stocker-verlag@stocker-verlag.com
www.stocker-verlag.com

ISBN 978-3-7020-1697-5
Alle Rechte der Verbreitung, auch durch Film, Funk und Fernsehen, fotomechanische Wiedergabe, Tonträger jeder Art, auszugsweisen Nachdruck oder Einspeicherung und Rückgewinnung in Datenverarbeitungsanlagen aller Art, sind vorbehalten.
© Copyright by Leopold Stocker Verlag, Graz 2018
Layout und Repro: Werbeagentur Rypka GmbH, 8143 Dobl/Graz
Druck und Bindung: Christian Theiss GmbH, 9431 St. Stefan

# INHALT

**Vorwort** .................................................. 9

**Vorwort zur 2. Auflage** ............... 10

**Vorwort zur 3., völlig überarbeiteten Auflage** ............. 12

**Einleitung** ........................................ 13

**Entwicklungsgeschichte und weltweite Verbreitung** ............... 15

**Europa** ............................................. 15

**Nordamerika** ............................................ 16

**Asien** ................................................... 16

**Die Krebse der Südhalbkugel** ................ 16
Südamerika ........................................... 16
Australien, Neuseeland, Ozeanien ........... 16

**Ausbreitung der Krebse und Auftreten der Krebspest** ........................ 18

## DIE IN EUROPA VORKOMMENDEN SÜSSWASSERKREBSE ....... 21

**Europäische Krebsarten** ....................... 21
**Edelkrebs (*Astacus astacus* L.)** ................ 21
Merkmale ............................................. 22
Verwechslungsarten ............................. 22
Verbreitung ......................................... 23
Biologie .............................................. 23
Fortpflanzung ...................................... 24
Gefährdungsursachen ........................... 24
**Galizier oder Europäischer Sumpfkrebs (*Astacus leptodactylus* Esch.)** .................. 25
Merkmale ............................................. 25
Verwechslungsarten ............................. 26
Verbreitung ......................................... 26
Biologie .............................................. 26
Fortpflanzung ...................................... 26
Gefährdungsursachen ........................... 26
**Steinkrebs (*Austropotamobius torrentium* Schr.)** .................................... 26
Merkmale ............................................. 27
Verwechslungsarten ............................. 27
Verbreitung ......................................... 27
Biologie .............................................. 27
Fortpflanzung ...................................... 27
Gefährdungsursachen ........................... 27
**Dohlenkrebs (*Austropotamobius pallipes* Le.)** ......................................... 28
Merkmale ............................................. 28
Verwechslungsarten ............................. 28
Verbreitung ......................................... 28
Biologie .............................................. 29
Fortpflanzung ...................................... 29
Gefährdungsursachen ........................... 29

**Amerikanische Krebsarten in Europa** .... 29
**Kamberkrebs (*Orconectes limosus* Raf.)** ... 29
Merkmale ............................................. 30
Verwechslungsarten ............................. 30
Verbreitung ......................................... 30
Biologie .............................................. 30
Fortpflanzung ...................................... 30
Gefährdungsursachen ........................... 30
**Roter Amerikanischer Sumpfkrebs (*Procambarus clarkii* G.)** ......................... 30
Merkmale ............................................. 31
Verwechslungsarten ............................. 31
Verbreitung ......................................... 31
Biologie .............................................. 31
Fortpflanzung ...................................... 32
Gefährdungsursachen ........................... 32
**Signalkrebs (*Pacifastacus leniusculus* D.)** ......................................... 32
Merkmale ............................................. 32
Verwechslungsarten ............................. 32
Verbreitung ......................................... 32

| | |
|---|---|
| Biologie ................................................ 32 | Die Brandfleckenkrankheit ................... 63 |
| Fortpflanzung ...................................... 33 | Die Krebsegel ....................................... 64 |
| Gefährdungsursachen ......................... 33 | |
| **Die Einführung des Signalkrebses** .......... 33 | ## GEFÄHRDUNG VON |
| Die Wurzeln oder: Das schwedische Protokoll Teil I ..................... 33 | **KREBSBESTÄNDEN** ........................... 65 |
| Der Stamm oder: Das schwedische Protokoll Teil II .................... 35 | **Feinde** .................................................... 65 |
| Die Verzweigung .................................. 35 | Fische ................................................... 65 |
| | Säugetiere und Vögel ........................... 66 |
| ## DER KÖRPERBAU ............................ 41 | Insekten ............................................... 66 |
| **Der äußere Aufbau** ................................. 41 | **Gefahren für den Krebsbestand** ............ 66 |
| Arterkennung leicht gemacht ................. 44 | Krebspest ............................................. 66 |
| **Die inneren Organe** ............................... 44 | Verbuttung ........................................... 66 |
| Kiemen und Atmung ............................. 44 | Elektrofischerei .................................... 67 |
| Verdauungssystem ............................... 47 | ## AUSWIRKUNGEN EINES |
| Kreislauf ............................................... 47 | **KREBSBESTANDES AUF** |
| Nervensystem ....................................... 47 | **EIN GEWÄSSER** ................................. 68 |
| ## Biologie ........................................... 49 | **Ökologischer Faktor** ............................... 68 |
| **Nahrung und Nahrungsaufnahme** ......... 49 | **Ökonomischer Faktor** ............................. 70 |
| Detritus ................................................ 50 | ## BESATZ EINES GEWÄSSERS |
| Pflanzliche Nahrung ............................. 50 | **MIT KREBSEN** .................................... 71 |
| Tierische Nahrung ................................ 50 | **Geeignete Gewässer** .............................. 71 |
| **Häutung** .................................................. 51 | Temperaturansprüche der Krebsart ......... 71 |
| **Wachstum** .............................................. 54 | Art und Zustand des Gewässers .............. 71 |
| **Fortpflanzung** ........................................ 55 | Kontrolle auf Krebsvorkommen .............. 71 |
| **Besonderheiten anderer Krebse** .............. 57 | Fischbestand ........................................ 73 |
| Kamberkrebs ........................................ 57 | Vorbereitung eines Gewässers ................ 73 |
| Signalkrebs .......................................... 57 | **Besatz** ..................................................... 73 |
| Marmorkrebs ....................................... 58 | Besatzkrebse ........................................ 73 |
| ## KRANKHEITEN UND | Krebsart ............................................... 73 |
| **PARASITEN** ........................................ 59 | Alter, Größe ......................................... 74 |
| **Die Krebspest** ......................................... 59 | Herkunft der Besatzkrebse .................... 75 |
| Lebenszyklus und Infektion ..................... 60 | Besatzmenge ....................................... 76 |
| Übertragung ........................................ 62 | Besatzzeitpunkt .................................... 76 |
| **Die Porzellankrankheit** .......................... 63 | Durchführung des Besatzes ..................... 76 |
| | Kontrolle des Besatzes .......................... 77 |

## FANGMETHODEN ... 78

**Gerätschaften für den Krebsfang** ... 78
Händisch, mit Kescher ... 78
Köderfischdaubel ... 78
Krebsteller ... 78
Reusen ... 79
Köder ... 80

**Fangzeit** ... 80

## KARTIERUNG UND BESTANDESERFASSUNG ... 81

**Kartierung** ... 81
Kleine Fließgewässer ... 81
Mittlere und große Fließgewässer ... 81
Stehende Gewässer ... 82

**Bestandeserfassung** ... 82
Qualitative Bestandeserhebung
(Größenverteilung) ... 82
Quantitative Bestandeserfassung
(Populationsdichte) ... 87

## BEWIRTSCHAFTUNG ... 90

**Nutzungsplan** ... 90
Entnahmemenge ... 90
Brittelmaß und Schonzeit ... 90
Edelkrebs ... 90
Signalkrebs ... 91

**Fang der Krebse** ... 92

## KREBSZUCHT ... 94

**Voraussetzungen** ... 94
Der „Krebszüchter" ... 94
Klima ... 94
Wasser ... 95
Teiche, Anlagen ... 95
Krebse ... 96

**Besatzkrebszucht** ... 96
Geeignete Krebsarten ... 96
Edelkrebs ... 96

Steinkrebs ... 96
Dohlenkrebs ... 97
**Anlage** ... 97
Elterntierteiche ... 97
Aufzuchtanlage ... 97
**Geräte, Werkzeuge** ... 100
**Vorbereitung der Anlage** ... 100
**Haltung und Abfischung
der Elterntiere** ... 101
**Erbrütung** ... 102
Künstliche Erbrütung ... 103
**Aufzucht der Sömmerlinge** ... 104
**Abfischung** ... 104
**Hälterung** ... 105
**Transport** ... 105

**Speisekrebszucht** ... 105
**Geeignete Krebsarten** ... 105
Edelkrebs ... 105
Galizier ... 106
Signalkrebs ... 106
Roter Amerikanischer Sumpfkrebs ... 106
**Speisekrebsproduktion in Teichen** ... 106
Abwachsteiche ... 107
Einjährige Bewirtschaftung ... 107
Besatz des Abwachsteiches ... 108
Wassertemperatur ... 108
Fütterung ... 109
Kontrollfänge ... 109
Schutz gegen Feinde ... 109
Abfischung ... 109
Zuwachs ... 109
Zweijährige Bewirtschaftung ... 109
Wechselnde Bewirtschaftung
mit Fischen und Krebsen ... 110
Hälterung größerer Krebse ... 110
Kaltwasserhälterung ... 110
Warmwasserhälterung ... 111
Transport ... 111
Vermarktung ... 111

## KREBSE IN BIOTOPEN UND AQUARIEN ... 112

**Krebse in Biotopen und Gartenteichen** 112

Größe der Besatzkrebse ........................ 112
Krebsart ............................................... 112
Bezugsquelle ....................................... 112
Auswirkungen auf das Biotop ............... 113

Krebse in Aquarien .......................... 113
Einrichtung des Aquariums .................. 113
Krebsarten ........................................... 113
Bezugsquelle ....................................... 114

## DIE ZUKUNFT DER HEIMISCHEN KREBSE ................ 115

In Freigewässern ............................. 115

## KURIOSES UND ABSONDERLICHES AUS DER WELT DER KREBSE ............. 116

Ein Zeichen höherer Gewalt? ............... 116

Historisches ..................................... 117
Donnerwetter und Schwein .................. 117
Krebswickel ......................................... 117
Staubkörnchen und Krebssteine ........... 117
Krebsbehandlung ................................ 117
Geisterstunde ...................................... 117
Bewunderung ...................................... 118

Noch nicht so lange her ..................... 118
Von Indianern und Fröschen ................ 118
Ökologisches Fingerspitzengefühl
der 70er Jahre ..................................... 118

Ganz neu ........................................... 118
Von Karotten ... .................................... 118
... Kennern ... ....................................... 118
... Ködern ... ......................................... 118
... und Katastrophen ............................ 119

## REZEPTE ........................................ 120
Krebsensuppe ..................................... 121
Zutaten ................................................ 121
Zubereitung ......................................... 121
Krebse gekocht ................................... 121
Zutaten für 2 Portionen ........................ 121
Zubereitung ......................................... 121

## DANKSAGUNG ............................... 123

## LITERATURVERZEICHNIS ........... 124
Literaturverzeichnis
„Der Signalkrebs in Europa" ................ 125

# VORWORT

Seit langem war es mir ein Dorn im Auge, dass in der deutschsprachigen Literatur kein Werk über Krebse existiert, welches die Entwicklung der letzten 20 Jahre (positiv wie negativ) berücksichtigt und die Biologie der Krebse in Einklang mit neuen Bewirtschaftungsformen und Zuchtmethoden bringt.

Noch immer kursieren sogar in den Kreisen der Wissenschaft und der Gewässerbewirtschafter die alten Märchen und Binsenweisheiten über den seit Durchzug der Krebspest vor über 100 Jahren zum Fabelwesen mutierten Ritter der Gewässer. Endlose Telefonate und seitenlange Briefe zur Beantwortung vieler Anfragen waren die Folge. Als ich im Spätherbst des Jahres 1994 gefragt wurde, ob ich ein Buch über Krebszucht und -bewirtschaftung schreiben könne und wolle, sagte ich daher spontan zu.

Doch schon am nächsten Tag ließ mein Selbstbewusstsein spürbar nach. Bin ich gut und sattelfest genug? Wissen nicht Dr. Max Keller und Jay V. Huner mehr über Krebszucht, Robert Huber mehr über Physiologie, Laurent und Bohl mehr über Biologie, die Schweden mehr über die Krebspest, H. H. Hobbs jun. mehr über Verbreitungsgeschichte, Pretzmann mehr über Artenbestimmung ... Diese Liste ist beliebig fortsetzbar. Das vorliegende Buch soll jedoch kein wissenschaftliches Werk sein, sondern beim Laien Verständnis, beim Praktiker Interesse und beim Kenner mehr Kopfnicken als Kopfschütteln hervorrufen. In Anlehnung an Umberto Eco im Vorwort seines Buches „Der Name der Rose" möchte ich schließen: „So bin ich, alles in allem, zutiefst von Zweifeln erfüllt. Eigentlich weiß ich gar nicht so recht, was mich bewogen hat, meinen ganzen Mut zusammenzunehmen und dieses Buch der geneigten Öffentlichkeit vorzulegen. Sagen wir: Es war eine Geste der Zuneigung zu diesen Geschöpfen."

Johannes Hager

# VORWORT ZUR 2. AUFLAGE

Seit dieses Buch im Herbst 1996 erstmals erschienen ist, hat sich in der „Flusskrebssache" enorm viel geändert – zum Guten wie zum Schlechten.

Zuerst die schlechten Nachrichten: Der nordamerikanische Signalkrebs (*Pacifastacus leniusculus*) breitet sich in den Freigewässern Österreichs (Ausnahme Tirol und Vorarlberg) mit ungeahnter Geschwindigkeit aus. Es gibt kaum mehr größere Gewässersysteme, in denen er nicht zumindest in Inselpopulationen vorkommt. Wie Untersuchungen in England und vor allem Kärnten (PETUTSCHNIG, 1998) gezeigt haben, sind jährliche Ausbreitungsdistanzen bis zu 10 km keine Seltenheit. Der Rote Amerikanische Sumpfkrebs (*Procambarus clarkii*) konnte mittlerweile in Freigewässern der Schweiz und Deutschlands nachgewiesen werden und wird in Österreich vermutet. In der Aquarianerszene des deutschsprachigen Raumes findet momentan ein Flusskrebs- und Süßwassergarnelenboom statt. Das hat zur Folge, dass mittlerweile an die 15 nordamerikanische und mindestens fünf australische bzw. aus Neuguinea stammende Flusskrebsarten im Umlauf sind. Die ohnehin enorme Problematik der Krebspest wird dadurch zusätzlich verschärft. Bei einer der nordamerikanischen Arten, dem „Marmorkrebs", konnte mittlerweile die bei Decapoden bisher unbekannte Fähigkeit zur Vermehrung durch Jungfernzeugung, sogenannte Parthenogenese, nachgewiesen werden (SCHOLZ, 2003), das heißt, ein Weibchen kann zur Bestandesbildung bereits ausreichen.

Nun aber zu den guten Nachrichten! Die heimischen Flusskrebse sind in den letzten Jahren wieder verstärkt in den Mittelpunkt des Interesses gerückt. Immer mehr Privatpersonen, aber auch Universitäten und Institutionen beschäftigen sich intensiv mit diesen wunderbaren Bewohnern unserer Gewässer. Hervorragende Arbeiten über die gegenwärtige Verbreitung der Flusskrebsarten in der Schweiz und in verschiedenen Bundesländern Deutschlands und Österreichs wurden publiziert. Diverse Aufklärungsbroschüren wurden und werden in Zusammenarbeit mit den Fischereiverbänden an alle Bewirtschafter und Angler ausgegeben und in den neuen Fischereigesetzen wird den Krebsen mittlerweile entsprechende Aufmerksamkeit zuteil.

Bei der von Jürgen Petutschnig bestens organisierten internationalen Flusskrebstagung 2000 in Klagenfurt, Kärnten, nahm eine Idee schließlich konkretere Formen an: ein Zusammenschluss aller deutschsprachigen Flusskrebsexperten und -interessierten nach Vorbild der International Astacology Association! Ein Jahr später, bei der von uns organisierten Flusskrebstagung in der Kartause Gaming, konnte diese Idee in die Tat umgesetzt werden. Das „forum flusskrebse" wurde gegründet und die sogenannte „Gaminger Erklärung" mit den Zielen des Forums erarbeitet. Der Schwerpunkt liegt im Schutz und der Förderung der heimischen Flusskrebse sowie ihrer Lebensräume. Es werden zumindest jedes zweite Jahr internationale, deutschsprachige Fachtagungen veranstaltet, überdies wird eine Vereinszeitung zu den aktuellen Themen und Problemen herausgegeben. Mittlerweile hat das „forum flusskrebse" weit über 100 Mitglieder, sie kommen aus Deutschland, der Schweiz, Österreich, Südtirol und auch aus Frankreich. Werter Leser, ich kann Sie nur bitten, diesem „forum flusskrebse" als Mitglied beizutreten und so die Arbeit für unsere heimischen Flusskrebse zu unterstützen. Sie finden im „forum flusskrebse" auch jederzeit Hilfe und den passenden Experten für Ihre Anliegen.

Nun, es hat sich viel getan in den sieben Jahren seit Erscheinen dieses Buches. Wenn mir an dieser Stelle ein Wunsch für die Zukunft gestattet sei, so möchte ich im Vorwort zur 3. Auflage schreiben können, dass die Entdeckung des ersten krebspestresistenten Bestandes heimischer Flusskrebse gelungen ist. Das wäre jener Impuls, der neue Hoffnungen wecken und neue Strategien erfordern würde und der die Zukunft der europäischen Flusskrebsarten in hellerem Licht erscheinen ließe.

# VORWORT ZUR 3., VÖLLIG ÜBERARBEITETEN AUFLAGE

Vor 20 Jahren ist mein Buch „Edelkrebse" erschienen. Nachdem sich nun auch die zweite Auflage dem Ende zuneigt und das Interesse nach wie vor vorhanden ist, haben wir uns entschlossen, die 3. Auflage völlig neu zu überarbeiten. Es hat sich viel getan in diesen 20 Jahren mit den Krebsen und um die Krebse: Die Gewässer haben sich verändert, die Verbreitung der Krebsarten muss neu geschrieben werden, neue Arten sind aufgetaucht und auch in Bezug auf die Krebspest gibt es Neuigkeiten.

So schrieb ich im Vorwort zur 2. Auflage „… so möchte ich im Vorwort zur 3. Auflage schreiben können, dass die Entdeckung des ersten krebspestresistenten Bestandes heimischer Flusskrebse gelungen ist". Tatsächlich wurden in Europa in den letzten Jahren mehrere Bestände autochthoner Krebsarten entdeckt, die trotz Infektion mit dem Krebspesterreger über Jahre hinweg stabile Bestände erhalten können. Es betrifft den Edelkrebs, den Steinkrebs und den Galizischen Sumpfkrebs. Näheres, werter Leser, finden Sie im Kapitel „Krebspest".

Aufgrund der Tatsache, dass der Signalkrebs in unseren Gewässern immer mehr überhandnimmt und damit die Gefahr einer Krankheitsübertragung auf heimische Arten

Johannes Hager

stark gestiegen ist, sowie der beginnenden Nutzung der riesigen Bestände in den großen Gewässern Österreichs wird die Krebszucht nur noch nebenbei behandelt. Der Schwerpunkt des Buches befasst sich mit Kartierung, Bestandeserfassung und Freigewässernutzung sowie der Ökologie und Biologie. Aus diesen Gründen wurde auch der Titel des Buches geändert. Es soll alle Flusskrebsarten gleichermaßen behandeln, auch auf die unüberschaubare Anzahl neuer Arten im Aquarienhandel wird ein Blick geworfen und die weltweite Verbreitung der Krebse genauer unter die Lupe genommen.

# EINLEITUNG

Vom Übermaß, der für uns unvorstellbaren Vorkommensdichte, über die Katastrophe der Krebspest, die verzweifelten Wiederbesiedelungsversuche, die Jahrzehnte des Vergessens und den Boom der amerikanischen Krebsarten bis zum Versuch der pfleglichen und differenzierten Bewirtschaftung und Verbreitung der vorhandenen Bestände in heutiger Zeit spannt sich der Bogen der Krebsentwicklungsgeschichte in den letzten 150 Jahren.

Der Mythos, wonach es früher in Ostpreußen noch per Verordnung verboten war, „dem Gesinde öfter als dreimal die Woche Krepsen als Speis vorzusetzen", ist so nicht haltbar. Diese Mär existiert in vielen Ländern für früher sehr häufig auftretende, heutzutage selten als Nahrung

genutzte Tierarten. Dennoch zeigt es, dass die Flusskrebse vor Auftreten der Krebspest auch auf dem Teller sehr häufig anzutreffen waren. Heute zählen schöne Solokrebse auf jeden Fall zu den Luxusspeisen. Selten zuvor hat eine Krankheit ein Lebewesen derart nachhaltig beeinträchtigt, eines der dominierenden Glieder der Biozönose unserer Gewässer von einem Tag auf den anderen ausgelöscht, ein Tier vom Massennahrungsmittel und leicht zugänglichen, billigen Eiweißlieferanten früherer Zeit zu einer der teuersten Delikatessen heutiger Tage gemacht. Aber sind es nicht gerade diese Gegensätze, die unser Interesse an den Süßwasserkrebsen zusätzlich schüren? Ist es nicht das Seltene, das Rare, welches wir am meisten begehren? So gesehen, kann man die Krebse als Diamanten unserer Gewässer bezeichnen. Voll rätselhaftem Glanz, voll unerforschtem Wesen zieren sie jene Gewässer, die sie noch beherbergen, und in starken Beständen können sie auch äußerst einträglich sein.

Doch nun ist Schluss mit der Schwärmerei und Zeit für Handfesteres. Bei allen Berechnungen und Betrachtungen in diesem Buch, vor allem betreffend Krebszucht und -bewirtschaftung, dürfen Sie, geehrter Leser, niemals vergessen, dass sich Krebse mit ihrer komplizierten Anatomie und abenteuerlichen Biologie nur äußerst ungern an Planvorgaben und Rechenbeispiele halten. Jede Abfischung, ob Besatz- oder Speisekrebsproduktion, jede neue Bewirtschaftungsperiode im Freigewässer ist ein neues Abenteuer, das Sie in himmlisches Entzücken oder in höllische Qualen führen kann. Demut ist erlernbar, glauben Sie mir.

Vor Jahren schrieb ich als Schlusssatz in einem Brief: „Krebse sind Dickköpfe! Sie sind Büffel und Mimosen zugleich – unberechenbar und unbelehrbar!" Doch wer jemals im Aquarium einen Krebs bei der Häutung beobachten konnte, wird verstehen, dass man diesen Tieren verfallen kann.

# ENTWICKLUNGSGESCHICHTE UND WELTWEITE VERBREITUNG

Die Besiedelung der Süßwasserhabitate der Erde mit Flusskrebsen gab der Wissenschaft lange Zeit Rätsel auf. Anhand taxonomischer und phylogenetischer Untersuchungen gelang es jedoch SCHOLZ (1998) nachzuweisen, dass alle Süßwasserkrebse der Erde einen gemeinsamen Ursprung in einer Stammform haben, während kein Meeresbewohner existiert, der diese stammesgeschichtliche Nähe aufweist. Dies deutet darauf hin, dass bereits diese Stammform aus dem Meer in das Süßwasser eingedrungen ist. Da Flusskrebse jedoch sowohl in der südlichen als auch nördlichen Hemisphäre vorkommen, bedingt dies eine Besiedelung der Süßwassergebiete bereits auf dem Urkontinent Pangäa vor mindestens 200 Millionen Jahren. Mit dem Zerfall von Pangäa während der Jurazeit entstanden die beiden ranghöchsten Gruppen der Flusskrebse – die Astacoidea auf dem nördlichen Kontinent Laurasia und die Parastacoidea auf dem südlichen Kontinent Gondwana. Durch Evolution in Zusammenhang mit der fortschreitenden Kontinentaldrift entstanden im Laufe der Jahrmillionen die heute vorkommenden Gattungen und Arten, die sich über nahezu alle Süßwasserlebensräume verbreiteten. Es wird also prinzipiell in **Krebse der Nord- und** solche der **Südhalbkugel** unterschieden. Während man die Astacoidea in zwei Familien trennt, bestehen die Parastacoidea nur aus einer Familie.

Ging man zur Zeit der Ersterscheinung dieses Buches noch von rund 320 Krebsarten weltweit aus, so sind mittlerweile deutlich **über 500 Arten** beschrieben.

## EUROPA

In Europa finden wir eine relativ geringe Artenvielfalt an Flusskrebsen. Die Gattung *Astacus* aus der Familie der Astacidae beinhaltet hier drei Arten, nämlich
- den Edelkrebs (*Astacus astacus*),
- den Europäischen Sumpfkrebs oder Galizierkrebs (*Astacus leptodactylus*)
- sowie dessen nahen Verwandten *Astacus pachypus*, der im Bereich des Schwarzen und des Kaspischen Meeres beheimatet ist.

Nur zwei Arten werden der Gattung *Austropotamobius* zugerechnet:
- der in Mitteleuropa nach wie vor häufige Steinkrebs (*Austropotamobius torrentium*) und
- der in West- und Südeuropa heimische Dohlenkrebs (*Austropotamobius pallipes*).

## NORDAMERIKA

Zu den Astacidae gehören neben den europäischen Krebsarten auch die fünf *Pacifastacus*-Arten, deren natürliches Verbreitungsgebiet westlich der Rocky Mountains liegt. Der bei uns bekannteste Vertreter ist der Signalkrebs.

Die Cambaridae bedecken Nordamerika östlich der Rocky Mountains bis nach Mittelamerika sowie kleinere Gebiete Ostasiens. Zu einer Unterfamilie der Cambaridae, den Cambarinae, gehören der Kamberkrebs und der Rote Amerikanische Sumpfkrebs.

## ASIEN

In Südostasien und auf Japan sind einige Vertreter der Gattung *Cambaroides* heimisch. Diese Gattung wird als Schwestergruppe der nordamerikanischen Cambaridae geführt, wobei eine nahe Verwandtschaft durch den derzeitigen Wissensstand der Plattentektonik nicht zu erklären ist.

## DIE KREBSE DER SÜDHALBKUGEL

Das Auftreten nur einer Familie liegt darin begründet, dass die Besiedelung des Süßwassers mit Krebsen bereits auf dem Urkontinent Gondwana erfolgte. Als Erklärung für das Fehlen von Süßwasserkrebsen in Afrika und auf dem indischen Subkontinent wurde lange Zeit deren frühzeitiges Abdriften von Gondwana angegeben. Das Auftreten mehrerer Arten der Gattung *Astacoides* auf Madagaskar verweist diese Theorie jedoch in den Bereich der Spekulation.

### Südamerika

In Südamerika finden wir zwei Gattungen von Krebsen: *Samastacus* und *Parastacus*.
  Die *Samastacus*-Arten leben in starker Konkurrenz mit einem Süßwasserhalbkrebs (Anomure). Im südchilenischen Seengebiet lebt der jeweilige Erstbesiedler in den oberen, warmen und nahrungsreichen Schichten. So besiedeln die Anomuren im Lago Ranco, einem See mit 400 km² Fläche, die obersten 50 Tiefenmeter, während *Samastacus spinifosa* die Region zwischen 50 und 100 m Tiefe bewohnt. Im nur 100 km südlicher gelegenen Lago Llanquihue ist es genau umgekehrt. Ein gemeinsames Auftreten in derselben Tiefe findet nicht statt.

Die *Parastacus*-Arten, von H. H. HOBBS jr. zu den „strong burrowers", den starken Gräbern, gerechnet, haben ihre Vorkommen vom südlichen Teil Mittelchiles bis Brasilien und Uruguay. Diesen Krebsen genügen oft Feuchtstellen, Sümpfe etc., in die sie nicht nur Gänge graben, sondern auch regelrechte Burgen aufschütten, die bis zu 50 cm Höhe emporragen.

### Australien, Neuseeland, Ozeanien

Das Zentrum der Entwicklung und Verbreitung der Krebse der Südhalbkugel liegt auf dem australischen Kontinent mit den neuseeländischen Inseln und Neuguinea. Während auf Neuseeland (*Paranephrops*) und Neuguinea (*Cherax*) nur jeweils eine

Gattung auftritt, finden wir in Australien acht und auf der tasmanischen Insel vier verschiedene. Da viele jedoch nur punktuelle Vorkommen aufweisen, beschäftigen wir uns mit den bekanntesten Gattungen.

Die anatomisch herausragendste Art ist *Astacopsis gouldi*, der Tasmanische Kaltwasserkrebs. Bei einer Temperaturtoleranz von maximal 20 °C entwickelt er im Laufe vieler Jahre eine Körpergröße, die wohl nur mit dem Hummer vergleichbar ist. Es wurden Exemplare mit einem Körpergewicht bis zu 6 kg gefangen. Durch relativ „langsames" Wachstum und damit eine späte Geschlechtsreife ist er durch den Fang stark bedroht und steht unter strengstem Schutz.

Auf dem australischen Kontinent selbst findet die Gattung *Cherax* mit 38 Arten die größte Verbreitung. Die drei bekanntesten Arten sind jene, die ökonomische Bedeutung erlangt haben:
- *Cherax cainii* (*C. tenuimanus*), der „Marron": Er ist der drittgrößte Süßwasserkrebs der Erde (bis maximal 3 kg) und besiedelt die Gewässer der klimatisch gemäßigten Südwestspitze Australiens rund um Perth. Durch sein schnelles Wachstum erlangte er in den letzten Jahren einige Bedeutung in der Aquakultur. Die Probleme der Marronzucht liegen jedoch in seinen für Australien hohen Ansprüchen an das Gewässer.
- *Cherax destructor*, der „Yabby": Er ist der Brotkrebs der Australier, der sein großes Ausbreitungsgebiet im Osten findet. Der Yabby erreicht nur ein Gewicht von ca. 150 g, ist jedoch ökologisch anspruchslos, verträgt große Dichte, vermehrt sich sehr rasch und erreicht in Teichen innerhalb von spätestens zwei Jahren Marktgröße.
- *Cherax quadricarinatus*, der „Redclaw": Er ist einer der wichtigsten Krebse in der australischen Krebszucht. Die natürlichen Vorkommen dieses großwüchsigen Krebses (bis 1 kg) sind auf die tropischen und subtropischen Gewässer des Nordens beschränkt. Seine Anspruchslosigkeit, Wuchsfreudigkeit und rasche Vermehrung (mehrmals jährlich) haben ihn zu einem der bedeutendsten Vertreter in der Aquakultur gemacht.

Erwähnenswert ist, dass natürlich auch der zweitgrößte Süßwasserkrebs der Erde in

Marron

Yabby

Australien vorkommt. Der „Murray Cray" (*Euastacus armatus*) besiedelt die kühleren Gewässer des Südostens und Ostens und erreicht ein Gewicht von über 3 kg.

Viele der in den letzten Jahren neu beschriebenen Krebsarten stammen aus Neuguinea.

In den höher gelegenen Gewässern der Insel sind einige besonders farbenprächtige Arten der Gattung *Cherax* zu finden

Zum Abschluss muss noch gesagt werden, dass alle Krebse der Südhalbkugel anfällig gegenüber der Krebspest sind.

## AUSBREITUNG DER KREBSE UND AUFTRETEN DER KREBSPEST

Durch den Menschen erreichte die Ausbreitung vor allem des Edelkrebses einen neuerlichen Höhepunkt, da er hochwertige Nahrung sowie ein begehrtes Handelsobjekt darstellte und obendrein leicht zu fangen und zu transportieren war. So ist nicht auszuschließen, dass seine Vorkommen in Zentralfrankreich und jene in Südschweden auf Besatz zurückzuführen sind. Nahezu ganz Europa war also mit Süßwasserkrebsen besiedelt, die zum Teil in heute unvorstellbarer Dichte vorkamen und seit dem **Spätmittelalter** in ebensolchem Ausmaße genutzt wurden. Allein Paris verbrauchte im 19. Jahrhundert zwischen 7 und 10 Millionen Speisekrebse jährlich. Bei der heutigen Schwedenbrücke in Wien versah ein eigener Krebsrichter seinen Dienst, der die wagenweisen Zulieferungen auf tote und kranke Krebse untersuchte, bevor diese auf den Krebsmarkt gebracht werden durften. Die österreichisch-ungarische Monarchie lieferte noch im Jahre 1900 378 Tonnen (!) Krebse nach Deutschland und ebenso viele nach Paris.

Der Berliner Händler und Hoflieferant Micha, genannt der „Krebskönig", schuf in Hoppegarten großartige „Krebsgärten", in denen er etwa 12.000 Schock (ca. 720.000 Stück) Krebse überwinterte. Die Ergiebigkeit der Bestände zeigt sich auch in zeitgenössischen Gemälden, Fischer darstellend, die in der Abenddämmerung mit Heurechen große Mengen Krebse aus kleinen Bächen ziehen.

Dieser aus heutiger Sicht paradiesische Zustand fand ein jähes Ende, als **um 1860** ein Ereignis eintrat, dessen Folgen die Süßwasserkrebse und auch das Wissen über deren Lebensweise und Bewirtschaftung nahezu in Vergessenheit geraten ließ. In jener Zeit traten in der Lombardei die ersten Massensterben von Krebsen auf. Ob ihrer rasanten Verbreitung und verheerenden Folgen wurde diese mysteriöse Krankheit bald **Krebspest** genannt. Innerhalb von 30 Jahren fegte sie die ertragreichen Bestände aus fast allen Gewässern Europas. Obwohl bereits 1880 der Verdacht entstand, es könnte sich um eine Pilzerkrankung handeln, und SCHIKORA 1903 eine Erstbeschreibung des vermutlichen Krankheitserregers gab, gelangen der Nachweis des kausalen Zusammenhangs und somit eine Beendigung des Streites erst SCHÄPERCLAUS im Jahre **1934**. Der Krankheitserreger ist ein Schlauchpilz namens *Aphanomyces astaci*, vermutlich aus Nordamerika eingeschleppt. (Näheres siehe Kapitel „Krankheiten", ab S. 59)

Die verheerende Wirkung lässt sich an verschiedenen **Berichten aus jener Zeit** nachvollziehen:

## Ausbreitung der Krebse und Auftreten der Krebspest

- Bayerische Fischereizeitung, 1880, S. 67: „Eine in neuester Zeit in verschiedenen Gewässern in- und außerhalb Bayerns beobachtete Erscheinung konnte in den letzten Tagen auch in der Altmühl wahrgenommen werden, und zwar die sogenannte Krebspest. Stadtfischer Schneider dahier machte am 10. des Monats die Mittheilung, daß in dem von ihm gepachteten Altmühlfischwasser auch nicht ein einziger lebender Krebs mehr anzutreffen sei, während er vor vier Tagen noch ungefähr einen Viertel-Centner von denselben gefangen habe, ohne an ihnen nur im geringsten eine Spur von Krankheit zu bemerken. Auf dieses hin wurde am 17. mittels Kahn das genannte Fischwasser befahren und die Angaben des genannten Herrn, welche anfangs stark angezweifelt wurden, in vollem Umfang bestätigt gefunden. Mit einem großen Leichenfeld kann das Bett des Altmühlgrundes verglichen werden; denn zu Haufen von 4, 6, selbst bis zu 10 Stück liegen die abgestorbenen Thiere zusammen, und zwar alle auf dem Rücken. Dann findet man wieder einzelne Theile derselben, wie Scheeren und auch Fußglieder, zerstreut umherliegen; ..."
- Dr. K. Floricke, „Gepanzerte Ritter", 1915, S. 14: „1879 war die Krebspest bereits in der Spree, und dem Großhändler Micha verendeten innerhalb weniger Tage volle 36.000 Schock seiner Pfleglinge, wodurch ihm ein Schaden von mehr als 100.000 Mark erwuchs. Im unteren Ende des Kochelsees zählte man durchschnittlich auf jedem Quadratmeter drei Krebsleichen und berechnete den Gesamtverlust auf 12 Millionen Stück."
- J. Lahnsteiner, „Der Unterpinzgau im Lande Salzburg": „Die Krebse aus dem Zellersee galten als eine hervorragende Delikatesse. Von ihrer Zahl hat man eine Vorstellung, wenn um 1760 jährlich 14.000 Stück an den Erzbischof von Salzburg geliefert und eine ungleich höhere Stückzahl frei verkauft wurde. ... Heute sind die Krebse im gesamten Flußgebiet der Salzach durch die im Jahre 1878 aufgetretene Seuche restlos ausgestorben."
- Österreichische Fischereizeitung, 1905, S. 90: Der Salzburger Fischereidirektor empfiehlt dringend die Wiederansiedelung von Krebsen im Zeller See, da die Abnahme des Fischreichtums im Verschwinden der Krebse ihre Ursache habe.

In ganz Europa wurden zum Teil verzweifelte Wiederbesiedelungsversuche unternommen. Nachdem die meisten Versuche mit dem Edelkrebs fehlgeschlagen waren, griff man auf den im Handel weit verbreiteten Galizier zurück, der fälschlicherweise als immun galt. Es wurde jedoch bald klar, dass auch er der mysteriösen Krankheit erlag. Einzelne Sumpfkrebsbestände in Mitteleuropa sind jedoch auf diese Maßnahmen zurückzuführen. Nach dieser Reihe von Fehlschlägen und der wachsenden Kenntnis des Krankheitserregers fand man sich mit dem scheinbar Unvermeidlichen ab und unternahm kaum noch Besatzversuche mit heimischen Krebsen. Dieser durch die Krebspest entstandenen Lücke verdanken zwei der amerikanischen Krebsarten ihre Bedeutung in Europa:
- der resistente Kamberkrebs, der bereits Ende des 19. Jahrhunderts eingeführt wurde, und
- der teilresistente Signalkrebs, der in den 1970ern einen regelrechten Boom erlebte.

Der Amerikanische Sumpfkrebs wurde zur Ertragssteigerung der Fischerei in Südspanien eingeführt und breitet sich entgegen früheren Annahmen rasant aus. Erst mit Beginn der ökologischen Welle in den 1980er Jahren wuchs auch das Interesse an den heimischen Krebsen. Wurde noch wenige Jahre zuvor der Besatz und die Zucht von Signalkrebsen mit öffentlichen Mitteln gefördert, so begann nun ein Umdenken zugunsten der Edel- und Steinkrebse. Das Aussetzen amerikanischer Krebse wurde verboten bzw. bewilligungspflichtig, der Besatz mit heimischen Krebsen unterstützt. Es entstanden mehrere Zuchtanstalten, die sich vor allem mit der Produktion von Besatzkrebsen befassen.

# DIE IN EUROPA VORKOMMENDEN SÜSSWASSERKREBSE

In Europa finden wir **zwei heimische Gattungen von Süßwasserkrebsen:**
1. *Austropotamobius* mit zwei Arten:
- *Austropotamobius torrentium* – Steinkrebs
- *Austropotamobius pallipes* – Dohlenkrebs

2. *Astacus* mit drei Arten, davon zwei bedeutende:
- *Astacus astacus* – Edel- oder Flusskrebs
- *Astacus leptodactylus* – Galizier oder Sumpfkrebs

Dazu kommen mehrere, im Laufe des letzten Jahrhunderts eingeführte nordamerikanische Krebsarten, die aus verschiedenen Gründen beachtliche Bedeutung erlangt haben, von denen wir folgende näher behandeln werden:
- *Pacifastacus leniusculus* – Signalkrebs
- *Orconectes limosus* – Kamberkrebs
- *Procambarus clarkii* – Roter Amerikanischer Sumpfkrebs

## EUROPÄISCHE KREBSARTEN

### Edelkrebs (*Astacus astacus* L.)
Der Edelkrebs wird sowohl in Größe und Aussehen als auch im Geschmack seinem Namen gerecht. Er war der Brotkrebs der Fischer und Händler in früherer Zeit und wird noch heute jedem anderen Krebs vorgezogen, wenn er erhältlich ist. Er ist der großwüchsige heimische Krebs.

**HINWEIS!** Der Edelkrebs

Die folgenden Kapitel dieses Buches sind auf den Edelkrebs bezogen, sofern nicht ausdrücklich eine andere Art genannt wird.

Edelkrebs (*Astacus astacus*) mit großen dunkelbraunen Scheren und leuchtend roter Scherengelenkshaut

# DIE IN EUROPA VORKOMMENDEN SÜSSWASSERKREBSE

## Merkmale

**Körper:** Der Körper ist massig und gedrungen und meist von mittel- bis dunkelbrauner Färbung. Vereinzelt tauchen hell- bis stahlblau bzw. fast schwarz gefärbte Tiere auf. Immer wieder tauchen jedoch schwarze und himmel- bis stahlblaue Exemplare in normal gefärbten Beständen auf. Dies hat nicht, wie oft fälschlich angenommen, mit dem Untergrund der Gewässer zu tun, sondern ist die Folge einer Pigmentverschiebung. Dass Krebse ihre Körperfärbung jedoch entsprechend der Umgebung verändern können, wurde in Versuchen festgestellt. So wiesen Jungkrebse in einem abgedunkelten Aquarium nach zweimaliger Häutung einen deutlichen Blauton auf, der nach Lichtzufuhr bei der nächsten Häutung verschwunden war.

Die Flächen des Carapax sind glatt, ohne Dornen und Höcker. Nur seitlich direkt hinter der Nackenfurche sind einige (mindestens zwei) meist wenig ausgeprägte Erhebungen vorhanden.

Er besitzt eine zweigeteilte Hinteraugenleiste (zwei Paar Postorbitalknoten).

**Rostrum:** Die Längsseiten sind glatt und mehr oder weniger parallel. Die Rostrumspitze ist abgesetzt, lang, spitz und trägt einen deutlich gezähnten Mittelkiel.

**Scheren:** Sie sind breit und groß, an der Oberseite wie der übrige Körper gefärbt und stark gekörnt. Die Scherenunterseite ist charakteristisch rot bis rotorange, das Scherengelenk und die Gelenkshaut beim beweglichen Scherenfinger sind meist leuchtend rot. Der unbewegliche Scherenfinger ist zwischen zwei (meist gelben) Höckern stark eingebuchtet.

**Wachstum:** Edelkrebse erreichen eine Körperlänge von ca. 15–18 cm bei einem Gewicht von 100–150 g. Maximalwerte sind 25 cm und 350 g. Die Weibchen bleiben deutlich kleiner (ca. 12–15 cm).

## Verwechslungsarten

**Steinkrebs und Dohlenkrebs:** Diese besitzen eine nur einteilige Hinteraugenleiste.

Die zwei gut erkennbaren Postorbitalknoten beim Edelkrebs

**Signalkrebs:** Keine Dornen hinter der Nackenfurche; glatte, ungekörnte Scheren; charakteristischer, weiß-blauer „Signalfleck" am Scherengelenk.

## Verbreitung

Der Edelkrebs kommt in ganz Mitteleuropa, in Skandinavien, Finnland, im westlichen Russland, den baltischen Staaten, Polen, Rumänien, Bulgarien, dem nördlichen Griechenland und dem Balkan vor. Die durch die Krebspest in Mitleidenschaft gezogenen Stromgebiete wie Rhein, Donau etc. und deren Hauptzuflüsse sind heute meist edelkrebsfrei, da sich bereits durch Besatz und anschließende natürliche Ausbreitung begründete amerikanische Krebse etabliert haben. Sie sind als Ausscheider des Pesterregers ein Garant für das Scheitern aller Besatzversuche in diesen Gewässern. Trotz allem gibt es noch erstaunlich viele, räumlich begrenzte und isolierte Bestände von zum Teil hoher Dichte und Produktivität.

## Biologie

An dieser Stelle muss zuerst der weitverbreiteten Meinung widersprochen werden, wonach Edelkrebse nur in absolut sauberem, klarem und kühlem Wasser existieren könnten. Dieser Irrglaube ist begründet im Wissensverlust, der seit dem Durchzug der Krebspest erfolgte. Die Krebspest breitete sich entlang der Ströme und Hauptflüsse aus, sprang in die Seitenflüsse und -bäche und drang in diesen so weit aufwärts vor, bis keine Krebse mehr vorhanden waren oder aber ein unüberwindliches Hindernis den Zusammenhang eines Krebsbestandes unterbrach. Dies können Wasserfälle, Staubereiche, Trockenstrecken oder unbesiedelte Strecken mit starker Geschiebeführung gewesen sein. In den so abgeschnittenen und geschützten Oberläufen der Flussgebiete wurden die Bestände oft von der Krankheit verschont. Bei Untersuchungen, Bestandsaufnahmen und Fischereiumfragen im 20. Jahrhundert wurden daher die meisten Edelkrebsvorkommen aus meist klaren, sauberen und kühlen Gewässern gemeldet, obwohl diese nur das Minimum, selten das Optimum der Ansprüche dieser Krebsart erfüllen. Ohne die Krebspest als Faktor einzuberechnen, zog man den Umkehrschluss, dass das am häufigsten besiedelte Gebiet das Optimum für eine Tierart darstellen müsse.

Der Edelkrebs bevorzugt sommerwarme Gewässer, die eine Temperatur von mindestens 15 °C über die Sommermonate aufweisen müssen, da bei kühleren Temperaturen keine Entwicklung der Geschlechtsprodukte eintritt. Das Optimum liegt bei 18–24 °C. So kommen naturbelassene, strukturreiche Bäche und Flüsse der Äschen- und Barbenregion sowie Seen, Stauräume und Teiche seinen Ansprüchen am nächsten. Bei Temperaturen unter 10 °C ist der Edelkrebs kaum noch aktiv.

Steile Ufer, mit Erlen- und Weidenwurzeln durchwachsen oder aus groben Steinen, bieten ihm hervorragende Versteckmöglichkeiten. In lehmigen, festen Uferböschungen gräbt er sich eine Wohnhöhle, die er laufend seiner Körpergröße anpasst. Schlammige Böden meidet er als Wohnstätte, nutzt sie jedoch als Weide- und Jagdgebiete. Flach auslaufende, schlammige Ufer meidet er strikt. Sommerwarme Niederungsbäche und -flüsse, Seen, Stauräume und Teiche mit steilen Ufern, Schotter- und Ziegelteiche kommen seinen Ansprüchen am nächsten.

Er ist erstaunlich unempfindlich gegenüber organischer Belastung, reagiert jedoch empfindlich auf chemische Verschmutzung aus Industrie und Gewerbe.

# DIE IN EUROPA VORKOMMENDEN SÜSSWASSERKREBSE

Färbungsunterschiede beim Edelkrebs

Niedrige pH-Werte führen wegen des Kalkmangels zu erheblichen Problemen beim Panzeraufbau. Werte unter pH 5,5 dürften einen Krebsbestand ausschließen. Seine Verträglichkeit gegenüber geringem Sauerstoffgehalt des Wassers kommt ihm vor allem in stark verkrauteten Teichen mit schwachem Durchfluss zugute. Sauerstoffwerte von 3–4 mg/l sind jedoch als unterste Grenze anzunehmen. Bei extremem Sauerstoffmangel verlassen die Krebse, wenn es ihnen möglich ist, das Gewässer, um am Ufer oder auf Steinen in den Bächen Luft zu atmen. Diese Fähigkeit erleichtert natürlich Hälterung und Transport.

## Fortpflanzung

Die Geschlechtsreife tritt meist im dritten oder vierten Lebensjahr ein, wenn die Weibchen eine Größe von 8–9 cm und die Männchen von 11–12 cm erreicht haben. Der Paarungszeitpunkt ist temperaturabhängig und liegt zwischen Mitte Oktober und Ende November bei Gewässertemperaturen um 12 °C.
**Eizahl:** 100–250
**Schlupfzeitpunkt:** je nach Temperatur von Ende Mai bis Mitte Juli

## Gefährdungsursachen

**Krebspest:** Hauptgefährdungsursache; Totalausfall von Beständen; gegenüber rein organischer Belastung ist der Edelkrebs relativ widerstandsfähig.

## Galizier oder Europäischer Sumpfkrebs (*Astacus leptodactylus* Esch.)

Obwohl eine europäische Krebsart, ist der Galizier in Deutschland nicht, in Österreich nur östlich von Wien als heimisch zu betrachten. Die wenigen vorhandenen Bestände sind entweder auf Besatzversuche nach Auftreten der Krebspest zurückzuführen oder wurden in den 1970er Jahren begründet, in denen er in großen Mengen im Handel erhältlich war (Ursprung: Türkei).

## Merkmale

**Körper:** Der Körper ist massig und gedrungen und von gelb- bis grünbrauner Färbung, oftmals marmoriert. Die Flächen des Carapax sind stark bedornt. Direkt hinter der Nackenfurche sind einige (mindestens zwei) ausgeprägte Erhebungen vorhanden. Vor der Nackenfurche, im Bereich der „Wange", ist eine Vielzahl starker Dorne und Höcker vorhanden.

Er besitzt eine zweigeteilte Hinteraugenleiste (zwei Paar Postorbitalknoten).

**Rostrum:** Die Längsseiten sind sägezahnartig und mehr oder weniger parallel. Die Rostrumspitze ist abgesetzt, lang, spitz und trägt einen gezähnten Mittelkiel.

**Scheren:** Sie sind sehr schmal und lang, an der Oberseite wie der übrige Körper gefärbt und stark gekörnt. Die Scherenunterseite ist immer hell (gelblich bis hellbeige). Der unbewegliche Scherenfinger trägt einen Höcker.

**Wachstum:** Galizier erreichen eine Körperlänge von ca. 18–20 cm bei einem Gewicht von 100–150 g. Maximalwerte sind 25 cm und 250 g. Der Gewichtsunterschied zum Edelkrebs resultiert aus den sehr schlanken Scheren. Die Weibchen bleiben kleiner (ca. 14–18 cm).

Galizier oder Sumpfkrebs (*Astacus leptodactylus*)

## Verwechslungsarten
**Edelkrebs:** Keine Carapaxbedornung; breite, große Scheren; Scherenunterseite rot.

## Verbreitung
Wahrscheinlich handelt es sich beim Galizier um eine heimische Krebsart mit natürlichem Verbreitungsgebiet östlich von Wien; nach Durchzug der Krebspest gab es viele Besatzmaßnahmen, da er fälschlicherweise für resistent gehalten wurde. Einzelne Bestände in nahezu allen Bundesländern.

## Biologie
Der Galizierkrebs bevorzugt sommerwarme, stehende und langsam fließende Gewässer, die eine Temperatur von mindestens 17 °C über die Sommermonate aufweisen. Das Optimum liegt bei 23–26 °C. Im Gegensatz zum Edelkrebs nimmt er auch schlammige Gebiete als Wohnstätte an. Bei Temperaturen unter 12 °C ist er kaum noch aktiv.

## Fortpflanzung
Die Geschlechtsreife tritt meist im dritten Lebensjahr ein, wenn die Weibchen eine Größe von 9 cm und die Männchen von 12 cm erreicht haben. Der Paarungszeitpunkt ist temperaturabhängig und liegt zwischen Mitte Oktober und Ende November bei Gewässertemperaturen unter 12 °C.
**Eizahl:** 200–450
**Schlupfzeitpunkt:** je nach Temperatur von Mai bis Juni

## Gefährdungsursachen
**Krebspest:** Hauptgefährdungsursache, Totalausfall von Beständen; gegenüber rein organischer Belastung sehr widerstandsfähig.

## Steinkrebs (*Austropotamobius torrentium* Schr.)
Der Steinkrebs ist seit dem Wüten der Krebspest in Österreich am häufigsten anzutreffen. Da ihm aufgrund seiner geringen Größe nie das wirtschaftliche Interesse galt und er durch seine niedrigen Temperaturansprüche meist in den Quellregionen und Oberläufen der Gewässer vorkommt, sind sehr viele Bestände nicht einmal den Fischereibewirtschaftern bekannt. Seine

Steinkrebs (*Austropotamobius torrentium*)

ökologische Bedeutung für das Gewässer darf jedoch nicht unterschätzt werden (siehe „Auswirkungen eines Krebsbestandes auf ein Gewässer", ab S. 68).

**Merkmale**
**Körper:** Der Körper ist massig und gedrungen und meist von grau- bis grünlich-brauner Färbung. Die Flächen des Carapax sind glatt, ohne Dornen und Höcker. Hinter der Nackenfurche ist keine Bedornung vorhanden.
Er besitzt eine einteilige Hinteraugenleiste (ein Paar Postorbitalknoten).
**Antennenschuppe:** Die Unterseite der Schuppe der zweiten Antenne besitzt einen gezähnten Kamm.
**Rostrum:** Die Längsseiten sind glatt. Die Rostrumspitze ist nicht abgesetzt, kurz und eher stumpf und trägt keinen Mittelkiel.
**Scheren:** Sie sind breit und groß, an der Oberseite wie der übrige Körper gefärbt und gekörnt. Die Scherenunterseite ist blassgelb bis weißlich. Am unbeweglichen Scherenfinger befindet sich ein Höcker.
**Wachstum:** Steinkrebse erreichen eine Körperlänge von ca. 10 cm. Maximalwert 12 cm. Die Weibchen bleiben deutlich kleiner (ca. 8 cm).

**Verwechslungsarten**
**Dohlenkrebs:** Dieser besitzt eine kräftige Bedornung hinter der Nackenfurche.

**Verbreitung**
Süddeutschland, Österreich, Slowenien, Kroatien, Serbien, Ungarn, Griechenland, Türkei.
Es handelt sich um eine heimische Krebsart, die aufgrund der geringen Größe nie wirtschaftlich genutzt wurde. Seine Vorkommen gelten daher als ursprünglich und unverfälscht. Durch Gewässerverschmutzung und -verbauung und die Krebspest sind die Bestände drastisch zurückgegangen und meist auf isolierte, kleinräumige Vorkommen beschränkt.

**Biologie**
Der Steinkrebs bevorzugt kühlere kleine Gewässer mit grobsteinigem Substrat, in dem er seine Versteckmöglichkeiten findet. Die Temperatur soll über die Sommermonate über 10 °C liegen. Das Optimum liegt bei 15–20 °C.
Er bezieht seine Verstecke hauptsächlich unter Steinen im gesamten Bachbett in den ruhigeren Gewässerzonen. Starke Sedimentablagerung durch Eintrag aus der Landwirtschaft führt durch ständiges Auffüllen der Hohlräume zum Erlöschen von Beständen bzw. verhindert eine Neubesiedelung.
So kommen naturbelassene, strukturreiche Bäche und Rinnsale der Bachforellen- und Äschenregion seinen Ansprüchen am nächsten. Er findet sich aber auch sehr häufig in Abläufen von Seen und Teichen. In stehenden Gewässern kommt er selten vor. Bei Temperaturen unter 7 °C ist der Steinkrebs kaum noch aktiv.

**Fortpflanzung**
Die Geschlechtsreife tritt meist im dritten oder vierten Lebensjahr ein, wenn die Weibchen eine Größe von 5–6 cm und die Männchen von 8–9 cm erreicht haben. Die Paarung erfolgt üblicherweise im Oktober.
**Eizahl:** 70–100
**Schlupfzeitpunkt:** Juni bis Anfang Juli

**Gefährdungsursachen**
**Krebspest:** Anfällig, Totalausfall von Beständen. Durch seinen Lebensraum in den abgelegenen kleinen, kühleren Gewässern ist die Gefahr der Erregereinschleppung jedoch nicht so groß wie beim Edelkrebs.

Dohlenkrebs (*Austropotamobius pallipes*)

**Gewässerverschmutzung und -verbauung:** Vor allem gegenüber organischer Belastung aus Landwirtschaft und häuslichen Abwässern ist der Steinkrebs sehr empfindlich.

## Dohlenkrebs (*Austropotamobius pallipes* Le.)

Der Dohlenkrebs ist in Österreich und Deutschland relativ unbekannt, da sich nur wenige Bestände in Grenzregionen finden. In Westeuropa ist er jedoch die einzige autochthone Krebsart.

## Merkmale

**Körper:** Der Körper ist massig und gedrungen und meist von brauner bis olivgrüner Färbung. Die Flächen des Carapax sind glatt, ohne Dornen und Höcker. Hinter der Nackenfurche sind zwei bis sechs ausgeprägte Dornen vorhanden.

Er besitzt eine einteilige Hinteraugenleiste (ein Paar Postorbitalknoten).

**Antennenschuppe:** Die Unterseite der Schuppe der zweiten Antenne besitzt einen glatten Kamm.

**Rostrum:** Die Längsseiten sind glatt. Die Rostrumspitze ist abgesetzt und trägt einen glatten Mittelkiel.

**Scheren:** Sie sind breit, groß, stark gekörnt und an der Oberseite in der Regel schokoladebraun gefärbt. Die Scherenunterseite ist schmutzig weiß bis beige. Am unbeweglichen Scherenfinger befindet sich ein Höcker.

**Wachstum:** Dohlenkrebse erreichen eine Körperlänge von ca. 10 cm. Maximalwert 13 cm. Die Weibchen bleiben deutlich kleiner (ca. 8 cm).

## Verwechslungsarten

**Steinkrebs:** Dieser besitzt keine Bedornung hinter der Nackenfurche.

## Verbreitung

Westeuropa von den britischen Inseln über Frankreich bis in den Norden Spaniens und Italiens. In Österreich die seltenste heimische Krebsart mit sehr kleinem Verbreitungsgebiet in Kärnten (Gail-, Gitsch- und oberes Drautal). Seine Vorkommen sind auf isolierte, kleinräumige Bestände beschränkt. Durch Besatz begründete Populationen gibt es auch in Tirol (z. B. Heiterwangersee, Plansee).

## Biologie
Der Dohlenkrebs bevorzugt kleinere Wald- und Wiesenbäche, jedoch auch sumpfige und moorige Gewässer. Auch stehenden Gewässern ist er nicht abgeneigt. Er besitzt eine hohe Temperaturtoleranz (12–24 °C). Bei Temperaturen unter 7 °C ist er kaum noch aktiv.

## Fortpflanzung
Die Geschlechtsreife tritt meist im dritten oder vierten Lebensjahr ein, wenn die Weibchen eine Größe von 5–6 cm und die Männchen von 8–9 cm erreicht haben. Die Paarung erfolgt üblicherweise im Oktober.
**Eizahl:** 70–120
**Schlupfzeitpunkt:** Juni

## Gefährdungsursachen
**Krebspest:** Anfällig; Totalausfall von Beständen
**Gewässerverschmutzung und -verbauung:** Vor allem gegenüber organischer Belastung aus Landwirtschaft und häuslichen Abwässern ist der Dohlenkrebs relativ empfindlich.

# AMERIKANISCHE KREBSARTEN IN EUROPA

### Kamberkrebs (*Orconectes limosus* Raf.)
Bereits um 1890 importierte der norddeutsche Fischzüchter Max von der Borne nach Durchzug der Krebspest eine größere Anzahl Kamberkrebse aus Nordamerika und besetzte einige Teiche. Es sind keine weiteren Importe aus Amerika bekannt, somit dürften alle Kamberkrebse Europas von die-

Kamberkrebs (*Orconectes limosus*)

sen wenigen Tieren abstammen. Der Kamberkrebs breitet sich seither stark aus. Er ist wirtschaftlich eher uninteressant, jedoch Krankheitsträger und Erregerausscheider und somit eine Gefahr für die heimischen Krebse. Seine Vorkommen beschränken sich auf die Ströme und großen Flüsse der Niederung sowie auf einige Seen durch Besatz.

### Merkmale
**Körper:** Der Körper ist kräftig und gedrungen, der Kopf kurz und rund und meist von mittelbrauner Färbung. Der Carapax ist mit vielen Dornen und Höckern besetzt. Hinter der Nackenfurche sind mehrere (mindestens zwei) Dornen vorhanden. Im Bereich vor der Nackenfurche, der Wange, ist ein kräftiges Dornenfeld vorhanden.

Jedes Segment des Hinterleibes (Pleon) trägt einen deutlichen, dunkelrotbraunen Querstreifen an der Oberseite.

Er besitzt eine einteilige Hinteraugenleiste (ein Paar Postorbitalknoten).
**Rostrum:** Die Längsseiten sind glatt und verlaufen parallel. Die Rostrumspitze ist abgesetzt, kurz, spitz und trägt keinen Mittelkiel.
**Scheren:** Sie sind relativ klein und kurz und an der Oberseite wie der übrige Körper gefärbt. Die Scherenspitzen sind farblich deutlich abgegrenzt (orange bis gelb). Die Scherenunterseite ist beige bis orange.
**Wachstum:** Er erreicht eine Körperlänge von ca. 10 cm, maximal 12 cm.

### Verwechslungsarten
**Dohlenkrebs, Steinkrebs:** Diese besitzen kein Dornenfeld an der Wange; keine Querstreifen am Pleon; keine farblich abgesetzten Scherenspitzen.
**Edelkrebs:** Zweigeteilte Hinteraugenleiste; sonst siehe oben.

### Verbreitung
Nicht heimisch, das Ursprungsgebiet liegt im Osten der USA. Er wurde bereits 1890 als Edelkrebsersatz nach Auftreten der Krebspest nach Deutschland eingeführt; in Österreich sind mehrere Bestände vorhanden (Fuschlsee, Zellersee, Weißensee, Donau östlich von Wien; March).

### Biologie
Der Kamberkrebs ist relativ anspruchslos und bevorzugt größere Gewässer mit Sommertemperaturen von 20 °C und darüber. Er ist extrem unempfindlich gegenüber Gewässerverschmutzung und Sauerstoffmangel und bevorzugt den schlammigen Gewässergrund als Aufenthaltsgebiet, wo er auch tagsüber sehr aktiv ist.

### Fortpflanzung
Die Geschlechtsreife tritt im zweiten oder dritten Lebensjahr ein. Die Paarungszeit liegt im Herbst. Die Spermatophoren werden jedoch in einer den Cambaridae eigenen „Spermatothek" aufbewahrt. Erst im April findet der Eiabstoß und somit die Befruchtung statt.
**Eizahl:** 100 bis 200
**Schlupfzeitpunkt:** Mai bis Anfang Juni

### Gefährdungsursachen
Keine.
**Krebspest:** Resistent! Krankheitsüberträger! Gefahr für heimische Krebse!

### Roter Amerikanischer Sumpfkrebs (*Procambarus clarkii* G.)
Der Rote Amerikanische Sumpfkrebs wurde 1973 in Spanien eingeführt. Innerhalb weniger Jahre entwickelte sich im südspanischen Raum eine florierende Krebsindustrie, die 1980 bereits einen Umsatz von 7,6 Millionen US-$ erzielte. Der Pferdefuß

# Amerikanische Krebsarten in Europa

Roter Amerikanischer Sumpfkrebs (*Procambarus clarkii*)

an der Sache ist jedoch seine berüchtigte Grabtätigkeit. Durch seine weitverzweigten, meterlangen Wohnröhren legt er ganze Bewässerungssysteme lahm und schädigte vor allem die spanischen Reisfelder.

Seit den 1990er Jahren ist er sehr häufig im Aquarienfachhandel anzutreffen.

## Merkmale

**Körper:** Der Körper ist spindelförmig und meist von dunkelroter bis rotschwarzer Färbung mit durchgehend kräftiger, roter Bedornung.

Er besitzt eine einteilige Hinteraugenleiste (ein Paar Postorbitalknoten).

**Rostrum:** Zwischen den glatten Längsseiten ist die Fläche tief eingebuchtet. Die Rostrumspitze ist abgesetzt, kurz, spitz und trägt keinen Mittelkiel.

**Scheren:** Sie sind eher schlank und geschwungen und an der Oberseite wie der übrige Körper gefärbt. Charakteristisch ist die ausgesprochen kräftige, leuchtend rote Bedornung. Die Scherenunterseite ist lebhaft rot. Der unbewegliche Scherenfinger besitzt zwei Höcker.

**Wachstum:** Er erreicht eine Körperlänge von ca. 12 cm, maximal 15 cm.

## Verwechslungsarten

Keine.

## Verbreitung

Nicht heimisch, das Ursprungsgebiet liegt in den Südstaaten der USA und in Mittelamerika. In den 70ern des vorigen Jahrhunderts wurde er in Spanien und Italien ausgesetzt; als Speise- und Aquarienkrebs ist er heute im Handel weit verbreitet. Einzelne Bestände existieren in Mitteleuropa (2005 auch in Österreich nachgewiesen); meist durch Aussetzen von Aquarienkrebsen begründet.

## Biologie

Der Rote Amerikanische Sumpfkrebs stammt ursprünglich aus subtropischen (auch zeitweise trocken fallenden) Gewässern. Wider Erwarten kann er auch in den warmen Gewässern der gemäßigten Zonen Mitteleuropas überleben und reproduzieren. Er ist ein ausgesprochen starker Gräber, der bis zu 6 m lange Höhlengänge anlegt, in denen er längere Trocken- oder Frostperioden überlebt.

### Fortpflanzung
Die Geschlechtsreife tritt im ersten oder zweiten Lebensjahr ein. Paarung und Fortpflanzung finden während des ganzen Jahres, bei optimalen Bedingungen auch mehrmals pro Jahr statt.
**Eizahl:** bis 800
**Schlupfzeitpunkt:** ganzjährig

### Gefährdungsursachen
Keine.
**Krebspest:** Resistent! Krankheitsüberträger! Gefahr für heimische Krebse!

### Signalkrebs (*Pacifastacus leniusculus* D.)
Da über den Zeitpunkt, die Herkunft und die Ausbreitung des Signalkrebses sehr viel Unwissenheit und Unwahrheit kursiert und er vor allem in Österreich nahezu durchgehende Vorkommen bildet, möchte ich die chronologische Entwicklung seiner Existenz in Europa klarstellen (siehe Abschnitt unten).

### Merkmale
**Körper:** Der Körper ist massig und gedrungen und meist von hell- bis rötlich-brauner Färbung. Die Flächen des Carapax sind glatt, ohne Dornen und Höcker. Auch direkt hinter der Nackenfurche sind keine Erhebungen vorhanden.
Er besitzt eine zweigeteilte Hinteraugenleiste (zwei Paar Postorbitalknoten).
**Rostrum:** Die Längsseiten sind glatt und mehr oder weniger parallel. Die Rostrumspitze ist abgesetzt, lang, spitz und trägt einen glatten Mittelkiel.
**Scheren:** Sie sind breit und groß und an der Oberseite wie der übrige Körper gefärbt. Sie sind glatt und ungekörnt. Die Scherenunterseite ist lebhaft rot bis rotorange. Charakteristisch ist der weiß-blaue „Signalfleck" im Bereich des Scherengelenkes. Der unbewegliche Scherenfinger besitzt einen kleinen Höcker.
**Wachstum:** Signalkrebse erreichen eine Körperlänge von ca. 15–18 cm bei einem Gewicht von 100–150 g. Maximalwerte sind 25 cm und 350 g. Die Weibchen bleiben deutlich kleiner (ca. 12–15 cm).

### Verwechslungsarten
**Edelkrebs:** Dornen hinter der Nackenfurche; gekörnte Scheren; rotes Scherengelenk; Rostrumkiel deutlich gezähnt.

### Verbreitung
Nicht heimisch, das Ursprungsgebiet liegt in Nordamerika westlich der Rocky Mountains. In den 70er (Schweden) und 80er Jahren (Österreich) des vorigen Jahrhunderts wurde er als Edelkrebsersatz nach Europa gebracht, gezüchtet und ausgesetzt; in Österreich bereits sehr weit verbreitet.

### Biologie
Der Signalkrebs bevorzugt sommerwarme Gewässer, die eine Temperatur von mindestens 12 °C über die Sommermonate aufweisen müssen, da bei kühleren Temperaturen keine Entwicklung der Geschlechtsprodukte eintritt. Das Optimum liegt bei 18–22 °C. So kommen naturbelassene, strukturreiche Bäche und Flüsse der Äschen- und Barbenregion sowie Seen, Stauräume und Teiche seinen Ansprüchen am nächsten. Er ist auch bei Temperaturen unter 10 °C noch relativ aktiv.

## Fortpflanzung

Die Geschlechtsreife tritt meist im dritten (zum Teil bereits im zweiten) Lebensjahr ein, wenn die Weibchen eine Größe von 7–8 cm und die Männchen von 10–12 cm erreicht haben. Der Paarungszeitpunkt ist temperaturabhängig und liegt meist im Oktober.
**Eizahl:** 150–400

**Schlupfzeitpunkt:** je nach Temperatur Mitte Mai bis Mitte Juni

## Gefährdungsursachen

Keine.
**Krebspest:** Teilresistent! Krankheitsüberträger! Gefahr für heimische Krebse! In Einzelfällen auch Teil- bis Totalausfälle durch Krebspest möglich.

Signalkrebs (*Pacifastacus leniusculus*)

## Die Einführung des Signalkrebses
### Die Wurzeln oder: Das schwedische Protokoll Teil I

(Die Unterlagen zur schwedischen Geschichte der Einführung des Signalkrebses stammen, so nicht anders vermerkt, von Prof. G. SVÄRDSON (1990).)

Schweden, in dessen Binnenfischerei und gesellschaftlichen Ernährungsgewohnheiten Flusskrebse immer eine bedeutende Rolle spielten, wurde ab 1907 von der Krebspest (*Aphanomyces astaci* Sch.) heimgesucht. Die Edelkrebsbestände der ertragsreichsten Seen fielen dieser Krankheit zum Opfer und Wiederbesiedelungsmaßnahmen zeigten nur punktuell Erfolge.

**18. Oktober 1956:** Erik von Heland, einflussreicher Obmann einer lokalen Vereinigung der Fischereirechtsinhaber, stellt an die Behörde ein Ansuchen um Einfuhr- und Besatzbewilligung für Kamberkrebse (*Orconectes limosus*) aus Deutschland für den Langhalsen-See.

**1956–1959:** Es erfolgen gezieltes Lobbying und öffentliche Diskussion des Krebsproblemes. Von Heland verstärkt den Druck aus seiner politischen Position (Vizesprecher des Oberhauses des schwedischen Parlaments, Gouverneur der Provinz Blekinge) und präsentiert wissenschaftliche Unterstützung durch Prof. W. Schäperclaus.

**Februar 1957:** Von Helands Ansuchen wird abgelehnt. Von wissenschaftlicher Seite (Nybelin und Brundin) wird die Ablehnung damit begründet, dass der Kamberkrebs zu klein, zu schlecht im Geschmack und aufgrund seiner Ausbreitungstendenzen eine Gefahr für bestehende Populationen heimischer Krebse sei.

**August 1957:** Von Heland organisiert eine Krebsparty im Stockholmer Restaurant „Stallmästargarden". Kamberkrebse werden serviert und von Personen des öffentlichen Lebens verkostet. Ein neuerliches Import- und Besatzbewilligungsansuchen wird unter Anschluss eines Geschmacksgutachtens und eines neuerlichen Statements von Schäperclaus gestellt.

**August 1958:** Das Lobbying wird weiter verstärkt. Für ein neuerliches Krebsessen werden Kamberkrebse aus New York eingeflogen.

**Oktober 1958:** Der Fischereibiologe Gunnar Svärdson des Institutes für Süßwasserforschung in Drottningholm ist neben anderen Dingen auch für die Krebsforschung zuständig. Seiner persönlichen Auffassung folgend, dass der Kamberkrebs nicht eingeführt werden solle, da es andere pestresistente amerikanische Krebsarten geben müsse, die vom kulinarischen Gesichtspunkt attraktiver seien, begibt er sich im Anschluss an ein Fachsymposium in Austin, Texas, auf Erkundungsreise durch die USA. Er kontaktiert schwedische Immigranten und Krebsspezialisten. Der schwedische Vizekonsul in San Francisco, C. O. von Essen, ermöglicht ihm den Fang von Signalkrebsen im Tocaloma Creek. Die verwirrend große Anzahl nordamerikanischer Krebsarten schränkt Svärdson durch Anlegung einer durchschnittlichen Mindestgröße von 9 cm drastisch ein.

**Februar 1959:** In der Zusammenfassung seines Berichtes empfiehlt Svärdson zwei Krebsarten für schwedische Versuche:
- *Pacifastacus leniusculus*: Wegen der morphologischen und ökologischen Ähnlichkeit zu *Astacus astacus*
- *Orconectes virilis*: Wegen der großen Bedeutung für schwedische Immigranten im Gebiet der Großen See

Zur gleichen Zeit werden bereits zwei kleine isolierte Seen für die Versuchszwecke ausgewählt und mit Rotenone fischfrei gemacht.

Aufgrund des wiedererwachten Interesses an der Flusskrebsfrage und der bevorstehenden Versuche mit den nordamerikanischen Arten muss auch die Krebspestforschung neu gestartet werden.

**20. März 1959:** Von Helands Ansuchen bezüglich Kamberkrebse wird endgültig abgelehnt, der Versuch mit *P. leniusculus* und *O. virilis* und der Start der Krebspestforschung an der Universität Uppsala unter Mitwirkung ausgewählter Studenten werden beschlossen.

**September 1959:** Das Land- und Forstwirtschaftsministerium wird beauftragt, die zwei Krebsarten zu importieren und in die ausgewählten Seen auszusetzen.

**Dezember 1959:** Etwa 60 Signalkrebse aus Kalifornien erreichen Schweden per Luftfracht.

**März 1960:** Etwa 100 Stück der Art *Orconectes virilis* kommen vom Lake Michigan nach Schweden.

Der Student Torgny Unestam beginnt seine Krebspestforschungen an der Universität Uppsala.

## Der Stamm oder: Das schwedische Protokoll Teil II

„Wie der Schaden, so kommt aus Amerika auch die Rettung für unsere verödeten, verfroschten und verkrauteten Krebsgewässer ..." (SPITZY, 1972)

**Mai 1960:** 56 Signalkrebse und 100 *Orconectes virilis* werden in die ausgewählten Gewässer besetzt. (*O. virilis* wird nie wieder gesehen. Es gibt Mutmaßungen, die Besatzkrebse seien zu alt gewesen bzw. eine hohe Frühjahrssterblichkeit habe die Reproduktion unterbunden. Ein späterer Besatzversuch desselben Gewässers mit Signalkrebsen scheitert jedoch ebenfalls.)

**August 1962:** Adulte Besatztiere des Signalkrebses werden gefangen, Nachwuchs wird bestätigt.

**1964–1968:** Signalkrebse aus dem Versuchsgewässer werden in das vor Durchzug der Krebspest ertragreichste Krebsgewässer Schwedens, den Erken-See (25 km²), gebracht und reproduzieren erfolgreich.

**1966:** Unestam bestätigt *P. leniusculus* eine 1000-fach höhere Resistenz gegen den Pestererreger, als sie der Edelkrebs aufweist, und die Möglichkeit, dass *P. leniusculus* als Vektor der Krankheit dienen kann (UNESTAM, 1966).

„*Pacifastacus leniusculus* probably carries the fungus naturally but is little harmed by it." (UNESTAM, 1972)

**1968:** Svärdson warnt aufgrund seiner Erfahrungen der letzten zehn Jahre öffentlich vor einer unkontrollierten Ausbreitung des Signalkrebses (SVÄRDSON, 1968).

Sture Abrahamson, Universität Lund, mehr an Fischereiwirtschaft und Aquakultur interessiert, gewinnt den Tetra-Pak-Gründer Ruben Rausing zur Finanzierung einer speziellen Signalkrebszuchtanstalt – Simontorp.

Da die bisherigen Signalkrebsbestände in Schweden von nur 56 Tieren abstammen und zudem den großen Elterntierbedarf nicht abdecken können, wird um Bewilligung einer neuerlichen Einfuhr aus dem Lake Tahoe angesucht.

**1969:** 100.000 adulte Signalkrebse aus dem Lake Tahoe erreichen Schweden und werden auf über 70 verschiedene Wasserläufe aufgeteilt. Abrahamson urgiert ein sofortiges Importverbot für Flusskrebse mit der Begründung der möglichen Einschleppung von Parasiten und Fischkrankheiten und die „Etablierung einer industriellen Produktion von Besatzkrebsen" (ABRAHAMSON, 1973).

**1970:** Eine Signalkrebsbrut aus Simontorp kommt auf den Markt und wird mit Billigung des schwedischen Fischereiministeriums verbreitet.

Simontorp produziert 1970 und 1971 insgesamt 200.000 Satzkrebse, die in über 100 Gewässer verteilt werden (ABRAHAMSON, 1972). Bis 1975 werden in Schweden 192 Seen und Flüsse besetzt. In 60 % der Gewässer waren noch Bestände von *Astacus astacus* vorhanden (FÜRST, 1976).

Die Verbreitung des Signalkrebses wird durch die Zuchtanstalt Simontorp enorm beschleunigt; nicht nur in Schweden.

## Die Verzweigung

„A warning must be given for introducing new species to any continent or area. There are many examples of disasters ... around the world." (UNESTAM, 1972)

Das Geheimnis der Schweden um ihren amerikanischen „Wunderkrebs" macht im restlichen Europa seine Runden und bleibt nicht lange ein solches.

## FINNLAND

**1967–1969:** Finnland kommt als Erster hinter das Geheimnis der Schweden und importiert in diesen Jahren mehrere tausend adulte Signalkrebse aus dem Lake Hennessey und dem Lake

Tahoe. Abrahamson setzt sich auch in Finnland mit seiner Argumentation gegen Direktimporte aus den USA durch und verschafft Simontorp ein neues Absatzgebiet. Ab 1970 wird ausschließlich Signalkrebsbrut aus Schweden importiert und besetzt (WESTMAN, 1972).

## ÖSTERREICH UND DEUTSCHLAND

**1970:** Reinhard Spitzy (Ö), der in Österreich zuvor mehrere Besatzmaßnahmen mit dem Kamberkrebs organisiert und durchgeführt hat, importiert („nicht ganz legal", wie er selbst schreibt) über 7.000 Signalkrebse aus dem Lake Tahoe, USA, und besetzt seine Teiche in Hinterthal sowie neun andere Gewässer über ganz Österreich verteilt (SPITZY, 1972).

**1971:** Dr. Josef Hofmann (1971) veröffentlicht in Deutschland sein Buch „Die Flusskrebse", in dem er in einem kurzen Abschnitt auch auf die europäischen Versuche mit dem Signalkrebs eingeht. Diese erste Veröffentlichung im deutschsprachigen Raum findet großes Interesse.

Spitzy trifft sich mit Abrahamson und lässt sich von diesem (wie auch immer) überzeugen, nur noch Signalkrebse aus „dem sauberen Stamm von Simontorp" zu verwenden und zu vertreiben. „Und dies trotz guter eigener Erfolge!" (SPITZY 1972)

Bei diesem Treffen wird auch die Abhaltung des 1. Freshwatercrayfish-Symposiums, des „Eurocraysymp" in Hinterthal 1972 beschlossen.

Spitzy tritt ab diesem Zeitpunkt als Generalrepräsentant und -vertretung der Zuchtanlage Simontorp für Mittel- und Südeuropa auf.

**1972:** Spitzy verteilt über 30.000 Signalkrebsbrütlinge aus Simontorp. Hauptsächlich finden die Tiere in Österreich und Deutschland Abnehmer, gehen aber auch nach Luxemburg, Jugoslawien und Spanien. Spitzy rechnet für 1973 mit einem Bedarf von 100.000 Brütlingen (SPITZY, 1972, 1974).

Eine gezielte Werbekampagne läuft an. Artikel erscheinen in allen deutschsprachigen Fischereizeitschriften, deutschsprachige Werbebroschüren über den „Simontorpskrebs" werden verteilt. Tenor: „Der heimische Krebs ist so gut wie ausgestorben; … Erneuerung der Krebsbestände mit dem Signalkrebs; … der Signalkrebs ist pestresistent, wächst schneller, vermehrt sich stärker, bringt in kurzer Zeit hohen wirtschaftlichen Ertrag, breitet sich rasch in umliegende Gewässerbereiche aus (!)" (z. B. SPITZY, 1972; HEMSEN, 1973; Werbebroschüre Zuchtanstalt Simontorp, 1973). „Mit diesem Krebs ist es ohne Zweifel möglich, die nach dem Aussterben des Edelkrebses entstandene ökologische Lücke in unseren Gewässern zu schließen." (AIGNER, 1983)

Von der Gefahr der Krebspestübertragung auf Bestände heimischer Krebse ist vorerst in keiner dieser Publikationen zu lesen. Später wird dieses Faktum (UNESTAM, 1973) aber sogar als positiver Aspekt gesehen: „Sollte es nicht gelungen sein, alle Reste einer erledigten Edelkrebspopulation abzufischen oder zu eliminieren, so muss man damit rechnen, dass diese Krebse den Kontakt mit den Signalkrebsen nicht überstehen und von diesen die Krebspest bekommen, was in diesem Fall sogar günstig wäre." (SPITZY, 1975)

In der BRD ist es vor allem Klaus-Manfred Strempel, bis dahin Edelkrebszüchter, der sich nun für den Signalkrebs engagiert, ihn züchtet, Artikel schreibt und Vorträge hält.

In den folgenden Jahren äußern sich nicht nur kommerziell Interessierte, wie Spitzy und Strempel, positiv über die Signalkrebse, es finden sich nun, wie unter Fachleuten allgemein bekannt, auch Vertreter öffentlicher Institutionen unter den Befürwortern des Signalkrebses; z. B. Dr. Jens Hemsen (Ö), Leiter der Bundesanstalt für Fischereiwirtschaft und Herausgeber der Zeitschrift „Österreichs Fischerei", und Dr. Gebhard Reichle (BRD), Fischereidirektor der Oberpfalz und späterer Chefredakteur von „Fischer und Teichwirt". Selbst der Besatz von Freigewässern wird von den zuständigen Fischereiinstituten, wie bekannt ist, anscheinend geduldet, bewilligt und sogar (auch finanziell) gefördert (z. B. OÖ, Sbg). Die tatsächliche Stückzahl der importierten Signalkrebsbrut ist ab 1973 nicht mehr eruierbar.

Nun beginnt sich Widerstand zu regen. In Deutschland ist es vor allem Dr. Max Keller, Unternehmer und Edelkrebszüchter in Augsburg, der gegen den Signalkrebsbesatz ankämpft, da in Bayern, im Gegensatz zu den nördlichen Bundesländern, noch sehr viele gute Edelkrebsbestände vorhanden sind. Durch Fachartikel versucht er Aufklärung zu betreiben und die tatsächlichen Gefahren, die der Signalkrebsbesatz mit sich bringt, aufzuzeigen. Für sein Engagement wird er eigenen Aussagen zufolge u. a. als „ewiggestriger Ziehvater von Edelkrebsen" bezeichnet (Mario v. KÜHLMANN-STUMM, Süddeutsche Zeitung). Seine Bemühungen sind jedoch nicht erfolglos. In einer Anfragebeantwortung an den Bayerischen Landtag stellt das Bayerische Staatsministerium f. Landwirtschaft und Forsten klar, dass aufgrund der Gefahr der Krebspestverschleppung und der Verdrängung heimischer Krebse eine Einbürgerung des Signalkrebses nicht erwünscht ist (DS 8/6512 vom 21.10.1977).

„Consequently, *Pacifastacus leniusculus* will spread the disease among their European relatives when transferred to new European waters ..." (UNESTAM, 1972)

Eben dieses Staatsministerium stellt im Schreiben R4-4350/627 vom 22.2.1979 an alle zuständigen bayerischen Dienststellen klar, dass mit Signalkrebsbesatz die Gefahr der Pestverschleppung besteht, der Besatz bewilligungspflichtig ist und eine Bewilligung nur für „nachweislich krebspestfreie Tiere in geschlossene Gewässer" erteilt werden kann.

Andere Bundesländer – andere Sitten: Das Niedersächsische Landesverwaltungsamt beantwortet 1982 ein Besatzbewilligungsansuchen für Signalkrebse von K.-M. Strempel damit, dass keine Genehmigung erforderlich ist, da diese Krebsart bereits seit mehr als fünf Jahren in niedersächsische Binnengewässer eingesetzt werde und somit den Status „heimische Krebsart" erworben habe (Schreiben S5-65500 vom 13.7.1982).

In Österreich ist es Dr. Klaus Kotschy, Forstmeister der Österr. Bundesforste (ÖBF) und Vorstandsmitglied des Salzburger Fischereiverbandes. Ursprünglich (nach einem Spitzy-Vortrag) an Signalkrebsen interessiert und mit starkem Skandinavienbezug (u. a. Forstpraxis in Schweden) fährt Kotschy mit Spitzy und Hemsen 1976 zur 3. IAA-Tagung nach Kuopio, Finnland. Durch viele persönliche Gespräche, v. a. aber durch die äußerst kritischen Aussagen Torgny Unestams zur weiteren Verbreitung des Signalkrebses, wächst offenbar seine Skepsis (KOTSCHY, pers. Mitt.).

In dem von ihm verfassten Teil des Berichtes über die Tagung für „Österreichs Fischerei" schreibt Kotschy von den Bedenken Unestams und urgiert vor weiteren Besatzmaßnahmen mit dem Signalkrebs eine Bestandserhebung der noch vorhandenen heimischen Krebse. Hemsen, wie bereits angeführt Herausgeber dieser Zeitschrift, streicht alle kritischen Passagen vor der Veröffentlichung (SPITZY, HEMSEN, KOTSCHY, 1977). (Der Bericht Kotschys erscheint jedoch in vollem Wortlaut in „Salzburgs Fischerei", KOTSCHY, 1976.)

„Die Debatte abschließend erklärte Dr. Hemsen als offizieller Delegierter, dass für sein Land entschieden nur der Signalkrebs ... in Frage käme. Weitere Versuche mit europäischen Krebsarten halte er in seinem Land für sinnlos." (R. u. M. SPITZY, HEMSEN, 1977)

Dies mag sich dadurch erklären, dass zu dieser Zeit bereits das österreichische Projekt „Intercrayfish" läuft: Das von Ing. Gerulf Murer und Rainer Aigner (Gaishorn bzw. Liezen, Stkm.) in Zusammenarbeit mit der Bundesanstalt für Fischerei (Leiter Dr. Hemsen) 1975 eingereichte Projekt wird vom Bundesministerium für Land- und Forstwirtschaft mit öffentlichen Mitteln finanziert. Gegenstand des Projektes sind Aufzuchtversuche von Signalkrebsen in Teichen und der Besatz diverser Gewässer im Paltental, um die Möglichkeiten der Krebswirtschaft unter rauen klimatischen Bedingungen (700 m Seehöhe) zu überprüfen. Ziel ist die Produktion von Besatz- und Speisekrebsen. Es wird nicht auf eventuell bereits in Österreich vorhandene Bestände oder Besatzkrebse aus Schweden zurückgegriffen, sondern ein neuerlicher Direktimport aus den USA (Sacramento River, Lake Tahoe) durchgeführt.

**1976:** 400 kg adulte Signalkrebse erreichen Österreich. Infolge von Transport- und Abfertigungsproblemen sind mehr als 100 kg der Tiere bereits tot. Da noch keine Teiche zur Verfügung stehen, werden die restlichen Krebse in mit Holzsperren versehene Entwässerungsgräben bei Gaishorn im Paltental ausgesetzt. In den Folgejahren besiedeln diese Tiere das gesamte Grabensystem, die angrenzende Palten und den daraus gespeisten Badesee von Gaishorn.

**1977:** 3.000 drei- bis viersömmrige Signalkrebse werden importiert und in einen neu errichteten Teich von G. Murer gebracht.

**1978:** Es erfolgt die Gründung und Einrichtung der Zuchthalle von R. Aigner in Liezen, die nach Vorbild Simontorps Signalkrebsbrut für Besatzzwecke produzieren soll. „Auch die Versuche mit dem Signalkrebs ... sind mit dem Ministerium akkordiert. Derzeit wird nicht daran gedacht, Signalkrebse in Flüssen auszusetzen." (BM f. Land- u. Forstwirtschaft; Schreiben Zl. 26.139/11-II/C12/78, vom 25.09.1978; Antwort auf M. Kellers Beschwerde, dass Hemsen überall die Einbürgerung des Signalkrebses propagiere.)

**1981:** Es erfolgt ein neuerlicher Import adulter Krebse. 130 kg werden in die Teiche bei Gaishorn ausgesetzt, 100 kg kommen in kleineren Portionen in verschiedene oberösterreichische und Salzburger Gewässer.

Die Zuchthalle in Liezen verkauft bis Ende der 80er Jahre Signalkrebsbrut und Zuchtpaare zu hohen Preisen (öS 14,– bzw. 100,–).

Die Öffentlichkeitsarbeit und Werbung erfolgt in bereits bekannter Form durch die Bundesanstalt f. Fischereiwirtschaft über Tagungen, Kurse und Artikel in „Ö. Fischerei". Reinhard Spitzy tritt zu diesem Zeitpunkt öffentlich kaum mehr in Erscheinung. Sein Sohn Miguel tritt nun als Signalkrebsbefürworter auf. K.-M. Strempel schreibt 1978 einen Artikel für „Ö. Fischerei" mit dem Titel „Da stimmt etwas nicht mit den Krebsen und um die Krebse.", in dem er auf die in dieser Zeitschrift erschienenen „Werbeartikel" kritisch eingeht und, obwohl nach wie vor Signalkrebsbefürworter, mitteilt, dass bei ihm sehr wohl auch Signalkrebse an der Pest gestorben seien und er an der 3. IAA-Tagung in Kuopio nicht teilgenommen habe, „weil sich die Situation mit dem unmöglichen und unerträglichen Rummel um den Signalkrebs abzeichnete". Der Artikel wurde nicht veröffentlicht, das Manuskript liegt dem Verfasser jedoch vor. Weiter schrieb er, es werde „allerhöchste Zeit, dass sich die Fischereiverantwortlichen mit dem Problem ernstlich befassen und die Umwelt von Maßnahmen von nur Geschäftemachern verschont wird." (STREMPEL, 1978; aus dem genannten Schreiben)

Alle größeren Forst- und Landwirtschaftsbetriebe, die über Teiche und/oder Freigewässer verfügen, werden von Vertretern aufgesucht und mit problematischen Argumenten zu einem Signalkrebsbesatz aufgefordert. „Nach eingehender Untersuchung handelt es sich um degenerierte, verbuttete Edelkrebse. Einem Besatz mit Signalkrebsen spricht somit nichts entgegen, da diese Edelkrebse genetisch bereits verloren sind." (Aussage eines dieser Vertreter eine Woche nachdem bei einer von ihm initiierten Krebssuche im Februar (!) im Bereich eines 10.000 ha Forstbetriebes drei (wie ich heute weiß) Steinkrebse gefunden und von ihm „zur Untersuchung" mitgenommen wurden (pers. Erinnerung).)

Ing. Gerulf Murer, Nationalratsabgeordneter der FPÖ ab 1979, wird 1983 in der Koalitionsregierung SPÖ–FPÖ Staatssekretär im Bundesministerium für Land- und Forstwirtschaft.

Klaus Kotschy soll nach wiederholter öffentlicher Kritik am Umgang mit Signalkrebsen von seinem Dienstgeber, dem Bundesministerium f. Land- u. Forstwirtschaft (welchem die ÖBF unterstehen) geharnischt aufgefordert worden sein, alle diesbezüglichen Aktivitäten in Hinkunft zu unterlassen (KOTSCHY, pers. Mitteilung).

Michael Wintersteigers Dissertation „Flusskrebsvorkommen in Österreich", in der er den Signalkrebs v. a. zur Speisekrebsproduktion propagiert, nennt für das Bundesgebiet „400 mit Krebsen besiedelte Gewässer. 88 davon entfallen auf Signalkrebsvorkommen " (WINTERSTEIGER, 1983). Er wird von Hemsen in die Öffentlichkeitsarbeit eingebunden.

1985 erklärt das Bundesland Oberösterreich in einer Verordnung (LGBL 33/1985, 10.4.1985) den Signalkrebs als heimisch. 1992 (LGBL 12/1992, 20.2.1992) wird diese Entscheidung revidiert.

„Bei konsequenter Fortsetzung der Bemühungen ist es sicher möglich, sowohl in allen österreichischen Flüssen und Seen als auch in Teichanlagen so viele Krebse zu produzieren, um innerhalb weniger Jahrzehnte wieder zu einem der größten europäischen Krebsexportländer zu werden." (AIGNER, 1983) Der überwiegende Teil der heute in Österreich so massiv auftretenden Signalkrebsbestände geht auf dieses Projekt „Intercrayfish" und die Zuchthalle Lliezen zurück.

Ende der 80er Jahre setzt die Trendumkehr ein. Eine immer stärker werdende ökologische Orientierung und Sensibilisierung erzeugt eine massive Gegenströmung, zuerst im wissenschaftlichen Bereich, später auch in den Fischereiverbänden. Ein Generationswechsel an den diversen Fischereiinstituten trägt das Seine dazu bei. Der Widerstand gegen den Signalkrebs wächst massiv. Wissenschaftliche Untersuchungen (neue und „wiederentdeckte" alte) zeigen die enorme Gefährdung der heimischen Arten durch diesen amerikanischen Krebs. Ab Anfang der 90er Jahre werden in Deutschland, Österreich und der Schweiz Flusskrebskartierungen durchgeführt, die großteils ein weitaus stärkeres Vorkommen von heimischen Krebsarten zeigen, als bisher angenommen. Gleichzeitig wird aber auch die enorme Verbreitung der amerikanischen Arten deutlich.

1997 kommt es in Deutschland im Anschluss an einen Artikel von Max Keller in „Fischer und Teichwirt" (KELLER, 1997), dessen Chefredakteur zu der Zeit Dr. Reichle ist, zu einer massiven Auseinandersetzung zwischen Signalkrebsbefürwortern und -gegnern, die durch eine spontane Richtigstellung der Fakten vieler in der Forschung und Verwaltung tätiger Personen beendet wird (LECHLEITNER, STRUBELT, 1997).

„Glaubensbekenntnisse auf dem Gebiet des Artenschutzes scheinen doch etwas anderes zu sein als praktische Erfahrungen. Es bedarf dort oft mehr als 100 Jahre bis begriffen wird, dass das, was geschützt werden soll, gar nicht mehr da ist …" (REICHLE, 1997)

In Österreich schlägt das Pendel nun in die andere Richtung sehr deutlich aus. Die Gefahr durch amerikanische Krebse und der Schutz und die Förderung heimischer Arten stehen außer Diskussion. Mittlerweile ist der Besatz mit nicht heimischen Krebsarten auch von den Fischereigesetzen ohne Ausnahme untersagt. Am Ende dieser Entwicklung steht 2001 die Gründung des „forum flusskrebse" bei der Flusskrebstagung in Gaming (NÖ).

## SCHWEIZ

Die Schweiz stand der Einfuhr und dem Besatz mit Signalkrebsen offenbar immer restriktiv entgegen. Er kommt daher auch nur in einigen wenigen (jedoch expansiven) Beständen vor. (STUCKI, pers. Mitt.)

## POLEN

Ab 1972 wurde Signalkrebsbrut aus Simontorp bezogen (1.000 (1972), 4.000 (1974), 5.000 (1975), 10.000 (1976), 10.000 (1977)) (KOSSAKOWSKI, 1978).

## GROSSBRITANNIEN

**1976:** K. J. Richards, auf der Suche nach Produktionsalternativen für seine kleine Fischzucht, importiert 1.000 Signalkrebsbrütlinge aus Simontorp. Nach großem Medieninteresse wird er Simontorp-Vertreter.

**1977–1980:** Es werden 245 Seen und Teiche besetzt (RICHARDS, 1981).

**1980:** Erstmaliges und massives Auftreten der Krebspest in Großbritannien bei *Austropotamobius pallipes*. Vorerst sind 14 Flüsse betroffen. (LOWERY et al., 1984)

„The question is: Can we allow ourselves to distribute any crayfish species anywhere for no reason but shortsighted benefits to man, without first considering the consequences among other organisms than man?" (UNESTAM, 1974)

Bei Betrachtung der vorliegenden Fakten wird deutlich, dass die Geschichte des Signalkrebses in Europa anscheinend geprägt und abhängig ist von vielen Zufällen, dem damals auch in den Naturwissenschaften herrschenden ökonomisch orientierten Zeitgeist und natürlich von der Persönlichkeit der handelnden Akteure.

Nur ein Beispiel: Wären in Schweden 1960 *Orconectes virilis* und *Pacifastacus leniusculus* in das jeweils andere Versuchsgewässer besetzt worden, so hätten wir heute vielleicht *Orconectes virilis* als weit verbreitete Art in Europa oder auch keine der beiden Arten.

Die heutige Situation zeigt Folgendes: In Deutschland ist in den südlichen Bundesländern, v. a. in Bayern, dank dem frühen und durchgehenden Widerstand der Signalkrebs relativ selten. In den nördlichen Bundesländern war man aufgrund der seltenen Edelkrebsbestände und des damals bereits massiv vorkommenden Kamberkrebses weniger sensibel und dem Besatz mit Signalkrebsen eher zugeneigt.

In Österreich war das hausgemachte Projekt „Intercrayfish" der entscheidende Faktor. Nach neuesten Untersuchungen wie Flusskrebskartierungen, die die meisten Bundesländer vornehmen, sowie eigenen Untersuchungen gibt es kaum mehr ein Gewässersystem, in welchem nicht zumindest punktuell der Signalkrebs vorkommt. Die Bestände verhalten sich äußerst expansiv, daher ist mit einer durchgehenden Besiedelung zumindest der Gewässerunterläufe in zehn bis 20 Jahren zu rechnen. In den großen Flüssen Drau (Kärnten) und Traun (OÖ) beginnt man bereits mit der wirtschaftlichen Nutzung der enormen Bestände.

# DER KÖRPERBAU

## DER ÄUSSERE AUFBAU

Seit ca. 30 Millionen Jahren besiedeln diese Vertreter einer der ältesten Tiergruppen die Gewässer Europas. Der Körperaufbau aus Segmenten, das einzigartige Paarungs- und Brutverhalten sowie der überaus komplizierte Vorgang der Häutung lassen ihre Urtümlichkeit erkennen und ihre Ignoranz gegenüber den veränderten Gegebenheiten im Laufe der Jahrmillionen bewundern.

Der Körper der krebsartigen Tiere ist **aus Segmenten aufgebaut**. Bei der Stammform aller Crustaceen waren alle postoralen (hinter der Mundöffnung befindlichen) Segmente gleichförmig ausgebildet. Es gab keine Abgrenzung von Kopf-, Brust- und Schwanzbereich. Die entwicklungsmäßig gesehen niederen Krebse besitzen immer noch bis zu 50 Segmente, bei den höher entwickelten Formen wie den Flusskrebsen haben sich diese auf 19 reduziert. Jedes Segment besitzt zudem **funktionelle Anhänge** und einzelne Segmentgruppen haben sich zu spezialisierten Einheiten entwickelt. So erkennen wir den **Kopfbrustbereich** (Cephalothorax) und den **Schwanzbereich** (Pleon).

Die Krebse besitzen ein sogenanntes **Exoskelett**. Sie haben keinen innenliegenden Knochenbau, sondern besitzen am Körper einen Schalenmantel, an den Gliedmaßen Röhren. Dieser **Panzer** besteht aus zwei vor allem aus Calciumsalzen bestehenden Schichten, wobei die außen liegende Chitin enthält. Dieses wirkt antiseptisch und wachstumshemmend auf Bakterien und Pilze.

Von oben betrachtet, kann man den **Krebs in drei Abschnitte teilen:**
- Das **Kopfstück**, beginnend bei der spitz zulaufenden Krebsnase, dem **Rostrum**, ist mit
- dem **Bruststück** entlang der Nackenfurche (Cervikalfurche) verwachsen. Gemeinsam werden sie Kopfbruststück oder **Carapax** genannt. Dieser Teil des Panzers ist an der Oberseite mit dem Rücken des Krebses verwachsen und wird von den längs verlaufenden Rückenfurchen begrenzt. Der Raum zwischen den Rückenfurchen wird Areola genannt, das Herz liegt direkt darunter. Die freien Seitenteile überdecken die darunterliegenden Kiemen. Die Form des Rostrums, der Verlauf der diversen Furchen, die Bedornungen und Leisten des Carapax bieten entscheidende Hinweise bei der Bestimmung der Arten.

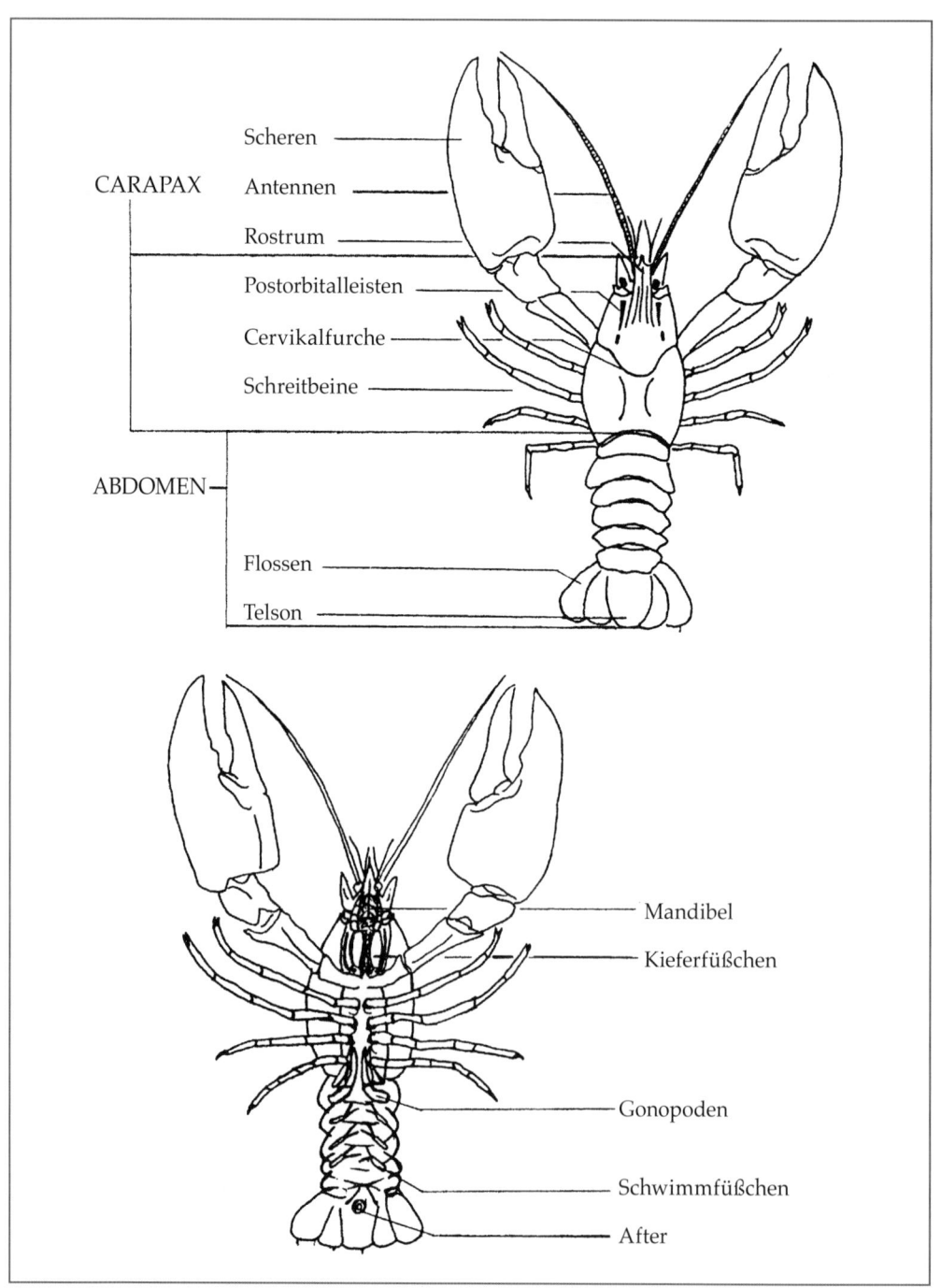

Ansicht eines Krebsmännchens

Ansicht eines Krebses von oben

- Der **Schwanz** des Krebses (Pleon) ist in fünf Ringe gegliedert, an welche vier flossenartige Schalenplatten, mit dem Endglied des Schwanzes (Telson) in der Mitte, anschließen.

Von unten lassen sich jedoch die charakteristischen 19 Segmente, 13 im Kopfbrustbereich, sechs am Abdomen, erkennen. Wie bereits erwähnt, weist jedes Segment Anhänge auf, die jeweils eine eigene Funktion ausüben.

Im **Kopfbereich** (fünf Segmente) sind die beiden Antennenpaare sowie die Mundwerkzeuge Mandibel und zwei Paar Maxillen zu erkennen. Der **Brustbereich** beherbergt drei Paar Kieferfüßchen zur Nahrungsaufnahme sowie fünf Paar Schreitbeine, von denen das erste Paar zu den großen Scheren ausgebildet ist. Diese sind wohl die auffälligsten Gliedmaßen. Sie kommen als Werkzeuge zum Fangen und Festhalten der Nahrung, zum Bau der Höhlen, als Waffe zum Angriff und zur Verteidigung gegen andere Krebse und Feinde sowie als Hilfsmittel bei der Paarung zum Einsatz und dienen der Kommunikation, die nicht nur aus Drohgebärden besteht.

Das zweite und dritte Paar besitzen noch kleine Scheren, während das vierte und fünfte Paar nur noch Klauen aufweisen.

Im **Schwanzbereich** sind bei den Männchen an den ersten beiden Segmenten die Begattungsbeinchen (Gonopoden) zu finden, an den restlichen Segmenten kleine Schwimmfüßchen. Die Weibchen besitzen keine Gonopoden, ab dem zweiten Segment sind ebenfalls die Schwimmfüßchen vorhanden. Beide Geschlechter haben am fünften Segment die sogenannten Uropoden, die gemeinsam mit dem Telson den Schwanzfächer bilden.

Im Telson, dem allerletzten Segment, endet der Darm im After.

# DER KÖRPERBAU

**TIPP!** Arterkennung Schritt für Schritt

**SCHRITT 1:**
**Postorbitalknoten bzw. -leisten**
- Zwei Postorbitalleisten: Es kann sich nur um eine Art der Astacidae handeln, also Edelkrebs, Galizier oder Signalkrebs; weiter zu Schritt 2.

- Eine Postorbitalleiste: Es muss sich um eine heimische Austropotamobiusart (Stein- oder Dohlenkrebs) oder eine Art der Cambaridae (Kamberkrebs, Amerikanischer Sumpfkrebs, Marmorkrebs) handeln; weiter zu Schritt 3.

**SCHRITT 2:**
**Bedornung bei zwei Postorbitalleisten**
- Gesamter Carapax stark bedornt, Scheren gekörnt: Galizischer Sumpfkrebs

- Carapax unbedornt, hinter Nackenfurche einige starke Dornen, Scheren gekörnt: Edelkrebs

- Carapax inklusive Nackenfurche und Scheren völlig glatt: Signalkrebs

**SCHRITT 3:**
**Bedornung bei einer Postorbitalleiste**
- Carapax glatt inkl. Nackenfurche und „Wange": Steinkrebs

- Carapax und Wange glatt, hinter der Nackenfurche zwei bis sechs starke Dornen: Dohlenkrebs

- Carapax gekörnt, stark ausgeprägtes Dornenfeld auf der Wange: Kamberkrebs

- Gesamter Carapax und Scheren mit sehr starken Dornen übersät: Amerikanischer Sumpfkrebs

Ansicht eines Krebses von unten

## Arterkennung leicht gemacht

Die Artbestimmung bei Flusskrebsen ist ein etwas schwieriges Unterfangen. Vor allem bei den Cambaridae Nordamerikas mit über 300 Arten ist eine Unterscheidung nur anhand der Begattungsbeinchen bei geschlechtsreifen Männchen möglich. Für die in Europa häufig vorkommenden Arten gibt es aber eine relativ einfache Methode, die ich hier zeigen will (Kasten links). Vorausgeschickt sei noch, dass die Panzerfärbung nicht als definitives Unterscheidungsmerkmal herangezogen werden kann, da bei allen Arten fehlfarbene Tiere vorkommen.

# DIE INNEREN ORGANE

## Kiemen und Atmung

Die Flusskrebse verfügen üblicherweise über **vier Kiemen per Brustsegment** (artspezifische Unterschiede), die von den Kiefer- und Schreitfüßen geschützt unter dem Carapax in die sogenannte Branchialkammer nach oben stehen. Sie besitzen naturgemäß eine große Oberfläche (ca. 200 Lamellen/Kiemenast) und sind von einer porösen, sehr dünnen Panzerschicht überzogen. Diese wird bei der Häutung ebenfalls abgestreift, dadurch ist kurzfristig keine Atmung möglich.

Die inneren Organe 45

Steinkrebs: grünlich-braune Färbung, eine Postorbitalleiste, helles Scherengelenk

Galizier: lange, schmale, gelbbraune Scheren

Dohlenkrebs: typische Bedornung hinter der Nackenfurche, eine Postorbitalleiste (links). Die auffallend schokoladebraunen Scheren des Dohlenkrebses (rechts)

Kamberkrebs: rostbraune Querbinden am Schwanz, Bedornung vor der Nackenfurche

Signalkrebs: blau-weißes Scherengelenk

# 46 DER KÖRPERBAU

Wichtigste Unterscheidungsmerkmale zwischen Männchen und Weibchen: Zwei Paar Begattungsgriffel beim Männchen (links), keine Begattungsgriffel beim Weibchen (rechts)

Deutlich größere Scheren beim Männchen (links),
breiteres Abdomen beim Weibchen (rechts)

Die Durchströmung der Branchialkammer erfolgt durch die **Scaphognathiten**. Das sind zusätzliche Anhänge im Bereich der zweiten Maxillen, die als Wasserpumpe für den Kiemenraum fungieren. Beim Edelkrebs schlagen sie bei 15 °C ca. 90 Mal pro Minute.

Die meisten Krebsarten können bei kühlen und feuchten Verhältnissen lange Zeit außerhalb des Wassers überleben.

Krebsarten in sauerstoffarmen bzw. temporären Gewässern oder mit terrestrischer Lebensweise besitzen eine vergrößerte Branchialkammer. Merkmale:
- Gewölbter Carapax
- Verlängerter Carapax
- Schmale oder keine Areole (Rückenfurchen berühren sich)

## Verdauungssystem

Das Verdauungssystem besteht aus einer kurzen **Schlundröhre** mit anschließendem **Kaumagen** mit Leisten und Zähnen, der Pyloruskammer, dem kurzen **Mitteldarm** mit zwei großen Drüsen zur Sekretion von Enzymen und zur Aufnahme der Nährstoffe sowie einem langen **Enddarm** mit dem Anus an der Telsonunterseite. Die Schlundröhre und der Kaumagen sind ebenfalls von einer dünnen Panzerschicht bedeckt und müssen somit gehäutet werden.

Die Harnausscheidung erfolgt zu einem geringen Grad über die „Grünen Drüsen" an der Basis der zweiten Antennen, der Großteil erfolgt wie bei den Fischen über die Kiemen.

## Kreislauf

Die Krebse besitzen ein muskulöses, fünfeckiges Herz unter Areole, verbunden mit einem offenen Kreislaufsystem. Das nahezu farblose Blut wird über kurze Arterien zu den Organen geführt, diese werden offen umspült. Danach wird das Blut über die Kiemen wieder dem Herz zugeführt.

## Nervensystem

Das Nervensystem der Flusskrebse ist strickleiterförmig organisiert. Es besteht aus einem sehr kleinen, **dreiteiligen Gehirn** und einer **Kette von Ganglien**, die für die jeweiligen Körperbereiche zuständig sind. Durch dieses dezentrale System ist auch die einfache und rasche Tötung von Krebsen problematisch, da auch nach Ausschaltung des Gehirns die Ganglien eine gewisse Zeit weiterhin selbstständig tätig sind. Die einzige Methode, einen Flusskrebs rasch und schmerzfrei zu töten, ist somit ein Ganzkörperschock, der mit einer sehr raschen und sehr starken Temperaturänderung (z. B. Einwerfen in kochendes Wasser) herbeigeführt werden kann (Näheres siehe „Rezepte", S. 120).

Kauapparat und Kieferfüße

# DER KÖRPERBAU

Zur **Sinneswahrnehmung** dienen
- die voneinander unabhängig beweglichen **Stielaugen**, mit denen der Krebs ein Gesichtsfeld von 360° erreichen kann,
- die langen **Antennen als Tastorgan** und
- die zwei kurzen **Antennen mit Riechanhängern und „Gehörsäckchen"**, den sogenannten Statozysten, an der Basis, die jedoch als **Gleichgewichtsorgan** dienen.

In diesen Säckchen sind kleine Sandkörnchen auf feinsten Haaren gelagert. Der Druck des Körnchens zeigt dem Krebs dessen Lage und somit die Wirkungsrichtung der Schwerkraft an. Da jedoch bei jeder Häutung auch die Innenwände des Gehörsäckchens abgestoßen werden, ist eine der ersten Tätigkeiten des frisch gehäuteten Krebses die Bestückung seines Gleichgewichtsorgans. Entzieht man dem Krebs bei der Häutung jedes Substrat (z. B. im Aquarium), torkelt er wie betrunken umher. Legt man ihm jedoch ausschließlich kleine Metallkörner vor, so benutzt er diese und das Organ erfüllt seine Funktion. Hält man nun einen Magneten über den Krebs, so legt er sich augenblicklich auf den Rücken, da die Metallkörner angezogen werden. Mit diesem Versuch wurde bewiesen, dass es sich bei den Säckchen um ein Gleichgewichtsorgan handelt, nicht um ein Gehör.

Auge und Antennenbasis mit „Gehörsäckchen"

# BIOLOGIE

## NAHRUNG UND NAHRUNGSAUFNAHME

Unsere heimischen Krebse sind vorwiegend nachtaktive Tiere. Bei Einbruch der Dämmerung verlassen sie ihre Verstecke und begeben sich auf Nahrungssuche. Der Aktivitätsradius und die Fresslust hängen von der Wassertemperatur ab. Sie sind im Sommer bei den angegebenen Optimaltemperaturen am höchsten. Entgegen bisheriger Meinungen nehmen die Krebse auch im Winter bei Wassertemperaturen um 2 °C und unter Eisdecken Nahrung auf. Natürlich sind die Menge und die zurückgelegte Entfernung vom Versteck stark eingeschränkt. Dennoch ist der Winter zur Wachstumszeit zu rechnen, da bei gutem Nahrungsangebot Edelkrebse sogar leicht zunehmen und der Termin der ersten Häutung im Frühjahr vom Ernährungszustand abhängig ist. In ihrer Anspruchslosigkeit bei der Nahrungswahl sind die Krebse wohl einzigartig. Ihr Spektrum spannt sich von abgestorbenen Pflanzenteilen (Detritus) bis zum mehrere Kilogramm schweren toten Fisch, der in Gemeinschaftsarbeit bis auf die Gräten verzehrt wird.

Die Scheren und vorderen Schreitbeine dienen zum Fangen und Festhalten der Nahrung, die Kieferfüße für die Zufuhr zum Kauapparat. (links) Aus größeren Nahrungsteilen werden mit den Mandibeln einzelne Stücke herausgerissen und verzehrt. (rechts)

## Detritus

Abgestorbenes Pflanzenmaterial, ob von Wasserpflanzen oder abgefallenem Laub von Bäumen, bildet einen Fixpunkt im Ernährungsplan. Bei abgefallenen Blättern entwickeln die Krebse eindeutige Vorlieben. Erlen- und Weidenblätter werden bevorzugt, jene von Eiche und Esche hingegen gemieden. Der Prozentanteil an der Gesamtnahrung schwankt mit dem Alter des Krebses und der Jahreszeit.

Überreste eines 600 g schweren Saiblings nach 24 Stunden

## Pflanzliche Nahrung

Zum Anteil der pflanzlichen Nahrung je nach Alter des Krebses gibt es geteilte Meinungen. Sicher ist jedoch, dass bei genügend Angebot Pflanzen und Detritus den Hauptanteil stellen. Der Einfluss eines Krebsbestandes auf das Pflanzenaufkommen eines Gewässers ist ausreichend dokumentiert und das Potential der Krebse zur Bekämpfung übermäßigen Pflanzenbewuchses und der Eutrophierung ist nicht zu unterschätzen.

Bei den höheren Wasserpflanzen werden die weichblättrigen wie Wasserpest, diverse Laichkräuter etc. bevorzugt. Auch Algen werden in großen Mengen verzehrt. Kaum beachtet wurde bisher die Aufnahme von Planktonalgen. Es wurde bei Krebsen ein Filterapparat an den Kieferfüßchen nachgewiesen, durch den sie Plankton sieben und als Nahrung nutzen.

## Tierische Nahrung

Bei der tierischen Nahrung nehmen niedere Lebewesen aufgrund der leichteren Verfügbarkeit die erste Stelle ein. Würmer, Egel, Insektenlarven, Schnecken und Muscheln werden von Krebsen gerne angenommen. Auch hier ist der reduzierende Einfluss eines Krebsbestandes auf übermäßige Schnecken- und Muschelvorkommen dokumentiert. Höhere Tiere wie Fische, Frösche etc. sind eher ein Ausnahmefall in der Ernährung, da gesunde Tiere nur selten gefangen werden können. Verletzte, kranke und frisch gestorbene Fische und Frösche sind jedoch eine leichte Beute und werden in Gemeinschaftsarbeit mit Heißhunger verzehrt.

Aas rührt der Krebs nur im äußersten Notfall an. In Fütterungsversuchen wurde Fischlaich, im Besonderen Forelleneier, von Edelkrebsen nicht beachtet. Die Eier von krautlaichenden Fischen können aber im Zuge der Nahrungsaufnahme von Pflanzen in Mitleidenschaft gezogen werden. Vor allem Jungkrebse nutzen auch das Zooplankton eines Gewässers. In dichten Krebsbeständen spielt Kannibalismus nicht nur in der Ernährung eine wichtige Rolle, sondern dient der Bestandesregulierung.

**HINWEIS!** Ausgewogenes Nahrungsangebot

Zur Entwicklung eines gesunden Krebsbestandes mit guten Zuwächsen sollten alle drei Nahrungsgruppen in ausreichender Menge vorhanden sein.

# HÄUTUNG

Um an Größe und Gewicht zunehmen zu können, müssen Krebse immer wieder ihren alten Panzer abwerfen und einen neuen bilden. Diese Häutung ist einer der kompliziertesten biologischen Vorgänge und einer der gefährlichsten Momente im Leben jedes Krebses.

Wird ihm sein alter Panzer zu eng, so beginnt er mit der **Vorbereitung zur Häutung**. Er stellt die Nahrungsaufnahme ein und bildet unter dem alten Panzer eine weiche, fast samtige Haut. Die Nervenenden werden zurückgezogen und eine Schleimschicht trennt die neue Haut vom Panzer, nachdem diesem so viele Mineralstoffe wie nur möglich entzogen wurden. Die Vorbereitungen zur Häutung dauern beim erwachsenen Krebs ca. eine Woche. Die letzten drei bis vier Tage zeigt er ein aggressives Verhalten gegenüber Artgenossen und wird zunehmend tagaktiv. An den Bauchseiten des Carapax zeigen sich dunkle, wässrige Ränder, die rasch an Stärke zunehmen. Hier ist der alte Panzer bereits sehr weich.

Der **Vorgang der Häutung** selbst geht im Vergleich zu Vorbereitung und Nachwirkung meist sehr schnell vor sich. Der Krebs nimmt eine leicht seitlich gekippte Stellung ein, die Verbindung von Carapax und Abdomen platzt und der Rückenpanzer klappt an dieser Stelle nach oben. Gleichzeitig entstehen Längsbrüche an den engsten Stellen der Scheren und Schreitbeine. Die Scheren werden durch rhythmisches Pumpen vom Grundgelenk zur Spitze hin aus der engen Hülle gezwängt, und der gesamte Vorderleib mit Antennen und Gliedmaßen wird aus dem alten Panzer gezogen. Ist dies dem Krebs gelungen, so entledigt er sich mit ein paar schnellen Schwanzschlägen des Hinterleibpanzers. Man darf nicht vergessen, dass auch die Kiemen sowie Schlundröhre und Kaumagen gehäutet werden.

Ein etwas schrumpeliger, samtiger, bläulich schimmernder Krebs sitzt nun neben seiner kompletten alten Hülle. Dieser sogenannte **Butterkrebs** ist nun stark durch Feinde gefährdet, da der neue Panzer noch sehr weich ist. Die Gefahr des Kannibalismus ist zu diesem Zeitpunkt jedoch weitaus

Edelkrebs bei der Häutung

Mit einigen schnellen Schwanzschlägen entledigt er sich seines Hinterleibpanzers.

geringer, als in der einschlägigen Literatur angegeben wird. Kommt ein anderer Krebs dem Butterkrebs zu nahe, so nimmt dieser eine Stellung ein, die mit der normalen Verteidigungsstellung nichts zu tun hat. Auf gestreckten Beinen stehend werden die geschlossenen Scheren fast senkrecht gehoben und deren Unterseiten dem anderen Krebs entgegengehalten. Kann der frisch gehäutete Krebs diese Stellung einnehmen, so wird er auch von einem weitaus größeren Artgenossen nicht attakiert. Treten bei der Häutung aber Probleme auf, dann ist der Krebs zu schwach, um diese Stellung einzunehmen, und er wird gefressen. Bei einem Dichthaltungsversuch von 40 erwachsenen Männchen pro Quadratmeter konnten von 200 Krebsen 195 erfolgreich eine Häutung abschließen, drei Krebse blieben an der alten Haut hängen und wurden stark angefressen gefunden, bei den verbleibenden zwei konnte keine Ursache mehr festgestellt werden (PEKNY, 1995, unveröffentlicht).

Frisch gehäuteter Signalkrebs neben seinem alten Panzer

**HINWEIS!** Zeitpunkt der Häutung

Der Zeitpunkt der Häutung ist normalerweise in den verschiedenen Altersgruppen zeitlich synchronisiert.

Der Vorgang der Häutung ist hormonell gesteuert. Das sogenannte Y-Organ produziert das Hormon Crustecdyson, welches die Häutungsvorbereitung einleitet. Der Krebs kann dieses Hormon nicht selbstständig produzieren, er benötigt dazu als Grundlage Cholesterol aus der Nahrung. Wie wir alle wissen, findet sich dieses hauptsächlich in der tierischen Nahrung. Ist diese nicht ausreichend vorhanden, wird der Häutungsrhythmus deutlich verlangsamt bzw. völlig eingestellt.

Das X-Organ im Bereich der Augenstiele produziert ebenfalls ein Hormon, MIH, welches die Ausschüttung von Crustecdyson verhindert und so für die Pausen zwischen den Häutungen sorgt.

Der alte Panzer dient anderen Krebsen als willkommene Nahrung, um die Kalkreserven für die eigene Häutung aufzubessern. Der gesunde Butterkrebs zieht sich nun in sein Versteck zurück und dehnt sich, indem er große Mengen Wasser aufnimmt. Nach ca. drei Tagen ist der neue Panzer so weit ausgehärtet, dass der Krebs sein normales Leben wieder aufnehmen kann. Bei Jungkrebsen erfolgt der gesamte Ablauf der Häutung wesentlich rascher.

Beim **Aufbau und der Aushärtung des Panzers** spielen vor allem in sauren Gewässern die sogenannten Krebssteine (Gastrolithen) eine entscheidende Rolle. Diese bis 8 mm Durchmesser großen weißen Halbkugeln mit nach innen gebördeltem Rand sind im Bereich der Wangen gelagert. Sie bestehen aus kohlensaurem Kalk und dienen als Mineralstoffreserve zur Bildung des neuen Panzers, indem sie während der Häutung aufgelöst und verarbeitet werden.

Häutung 53

Kalkreserven für den Panzeraufbau

Krebse besitzen die Fähigkeit, verlorengegangene Gliedmaßen über mehrere Häutungen hinweg nachzubilden. Jedoch erreichen diese Ersatzglieder nur bei Jungkrebsen, aufgrund der höheren Häutungsfrequenz, ihre ursprüngliche Form und Funktion. Bei älteren Tieren bleiben sie deutlich kleiner.

Die **Anzahl der Häutungen** pro Jahr hängt hauptsächlich vom Alter, aber auch von Wassertemperatur, Nahrungsangebot und Sonnenstand ab. Durchschnittlich rechnet man beim Edelkrebs mit sieben bis zehn Häutungen im ersten Jahr, vier bis fünf im zweiten Jahr, bei den Männchen zwei bis drei im dritten Jahr, jedoch nur mehr ein bis zwei Häutungen bei den Weibchen, da sie sehr viel Energie zum Aufbau der Eier benötigen. Ab dem vierten Jahr häuten sich Männchen ein- bis zweimal jährlich, die Weibchen meist nur noch einmal.

**HINWEIS!** Einfluss der Temperatur

Bei einer Wassertemperatur unter 12 °C findet keine Häutung beim Edelkrebs statt.

Der **Einfluss des Sonnenstandes** auf den Häutungsrhythmus der Krebse verdeutlicht folgendes Beispiel: Drei im Freigewässer gefangene Krebsmännchen von ca. 8 cm Länge wurden Mitte Juli in mein Wohnzimmeraquarium eingesetzt. Die Wassertemperatur glich ganzjährig der Raumtemperatur zwischen 18 und 21 °C. Die Krebse häuteten sich Mitte August und Ende September. Trotz gleichbleibender Temperatur und Fütterung kam es während des gesamten Winters zu keiner weiteren Häutung. Erst Anfang Mai wechselten alle drei Krebse innerhalb von vier Tagen ihren Panzer und wiederholten diesen Vorgang alle eineinhalb Monate bis in den Herbst. Ab Oktober war wieder keine Häutung mehr feststellbar.

Exuvie eines Edelkrebses

## WACHSTUM

Das Wachstum der Krebse ist so mannigfachen Faktoren und Einflüssen unterworfen, dass es an Anmaßung grenzt, hierfür Normen zu benennen. Jahresdurchschnittstemperatur, Gewässertemperatur im Sommer und im Winter, pH-Wert und Sauerstoffgehalt, Nahrungsmenge und -vielfalt, Bestandesdichte, Geschlechterverhältnis, Veranlagung und vieles mehr bestimmen schlussendlich das Wachstum des Individuums. Aufgrund von exakt durchgeführten Bestandesanalysen lässt sich die momentane Größe je Alter für einen Bestand und dieses Jahr feststellen. Schon im Jahr darauf kann sich alles geändert haben. Darum bitte ich Sie, die folgenden Durchschnittswerte nicht als Tatsachen anzunehmen, sondern als Anhaltspunkt für das Wachstum eines normalen Edelkrebsbestandes bei gutem Nahrungsangebot und optimalen Temperaturen.

**HINWEIS!** Durchschnittsgrößen

Durchschnittsgrößen bei optimalen Verhältnissen
Ende 1. Jahr:   2,5–3,5 cm
Ende 2. Jahr:   6–9 cm
Ende 3. Jahr:   Männchen 10–13 cm
                Weibchen  8–10 cm

Die Größenunterschiede von Krebsen eines Jahrganges sind enorm und werden mit zunehmendem Alter natürlich verstärkt. Versuchsweise im Warmwasser über den Winter gefütterte Edelkrebssömmerlinge zeigten im Frühjahr extreme Größenunterschiede. Der kleinste Krebs maß 3,5 cm, der zweitgrößte 8 cm. Der Größte aber, ein

Größenunterschiede bei Edelkrebssömmerlingen

Weibchen, hatte eine Länge von 11 cm und ein Gewicht von 60 g.

Das beste Wachstum zeigen Krebse beim Neubesatz eines Gewässers, wenn ihnen das volle Nahrungsspektrum zur Verfügung steht. So wurden im dritten Sommer nach Besatz eines Schotterteiches mit Edelkrebsbrut Männchen mit mehr als 100 g Gewicht gefangen (KELLER, Augsburg, pers. Mitteilung). Diesen Umstand macht man sich auch in der semiintensiven Speisekrebszucht zunutze.

Als entgegengesetztes Beispiel kann der Bestand eines Waldviertler Teiches gelten. Edelkrebssömmerlinge mit 1,5 cm, Zweisömmrige mit 4 cm und Dreisömmrige mit 6–7 cm lagen bei den Untersuchungen im Durchschnitt. Die Ursachen dürften in der niedrigen Wassertemperatur, den langen Wintern und der genetischen Anlage zu suchen sein, da der Teich nahezu fischleer und der Krebsbestand keineswegs dicht war.

# FORTPFLANZUNG

Die **Geschlechtsreife** tritt beim Edelkrebs **meist im dritten Lebensjahr** ein, wenn die Weibchen eine Länge von mehr als 8 cm erreicht haben. Ende Oktober bis Anfang November, bei auf 12 °C sinkender Wassertemperatur, beginnt die Zeit der Paarung. Die Krebse werden tagaktiv und sind oft in großer Zahl zu beobachten.

Die Männchen fechten auf der Suche nach und im Kampf um die Weibchen so manchen Strauß, und manch einer verliert dabei die eine oder andere Schere oder auch das Leben. Findet ein Männchen ein geschlechtsreifes Weibchen (von unten mit freiem Auge erkennbar an den weißen Ablagerungen in den äußeren Rändern der Schwanzunterseite und in den Schwanzflossen = „Brunftflecken"), so dreht er es mit Gewalt auf den Rücken, drückt mit seinen Scheren jene des Weibchens auf den Boden, formt mit den Begattungsgriffeln (Gonopoden) kleine weiße Spermawürstchen und klebt sie, je nach Größenunterschied und Stellung, um die Geschlechtsöffnung oder an das Schwanzende des Weibchens. Ein Männchen kann ohne weiteres fünf bis sieben Weibchen begatten.

Nun vergehen meist ein bis zwei, manchmal vier bis sechs Wochen, bis es zum Eiabstoß kommt. Dieser ist stark abhängig von der Wassertemperatur. Fällt diese nach der Paarung unter 10 °C, kommt es spontan zum Ausstoß. Das Weibchen begibt sich in seitliche Position und scheidet die Eier in einem grau-weißlichen Schleim, dem sogenannten Schleimzelt, ab. Dieser löst die verhärteten

Zeichen der Paarungsbereitschaft im Herbst: weiße Ablagerungen an den Pleonrändern und Schwimmfüßchen (links). Begattetes Weibchen mit Spermapaketen (rechts)

Signalkrebsweibchen beim Eiabstoß: Das schmutzigbraune Schleimzelt ist deutlich erkennbar.

Signalkrebsweibchen: kleine, fast schwarze Eier; höhere Eizahl als bei den Edelkrebsen

Spermapakete von der Geschlechtsöffnung oder dem eingeklappten Schwanz und es findet die echte Befruchtung statt. Der Vorgang des Eiausstoßes dauert vier bis fünf Stunden, das Schleimzelt umhüllt die nunmehr an den Schwimmfüßchen angehefteten Eier noch drei bis vier Tage.

Nun beginnt für das Weibchen die langwierige Arbeit der Eipflege. Das rhythmische Schwingen der 70–200 Eier mit den Schwimmfüßchen, um die Sauerstoffzufuhr zu gewährleisten und ein Verkleben von verpilzten Eiern zu verhindern, das Abtasten nach abgestorbenen Eiern, das Einflechten von Laub- und Moosstückchen, aus welchen Gründen auch immer, gehören zum harten Brot der Weibchen im Winter.

Zur Auslösung der Eientwicklung bedarf es bei den heimischen Krebsarten einer diapauseähnlichen Kältephase (unter 5 °C). In Versuchen reichte eine zweiwöchige Abkühlung auf 3 °C (CUKERZIS und SHYASHTOKAS, 1977). Ohne diese Kältephase ist der Erfolg der Erbrütung gleich null.

Edelkrebsweibchen: Die Eier sind größer und heller als beim Signalkrebs.

## Fortpflanzung

Im Frühling, bei der ersten kräftigen Erwärmung des Wassers, kommt kurzfristig Leben in die Krebskolonie. Während des Winters zurückgezogen in die tieferen Schichten des Gewässers, drängen nun alle in die wärmeren Gefilde der Oberfläche, die vor kurzem noch durch das Eis unzugänglich waren. Nach einer Woche kehrt wieder Ruhe ein und kaum ein Krebs ist mehr zu sehen. Etwa Anfang Mai befinden sich die Eier bereits im Augenpunktstadium. Je nach Gewässertemperatur schlüpfen die Krebslarven zwischen Anfang Juni und Mitte Juli. Sie sind noch, wie die Eier, mit der „Nabelschnur" an die Schwimmfüßchen der Mutter gebunden und nicht selbstständig. Nach ca. einer Woche erfolgt die erste Häutung. Daraus gehen komplette kleine Krebschen, Ebenbilder ihrer Eltern, mit 8–10 mm Länge hervor. Bis zur zweiten Häutung bleiben sie im Nahbereich der Mutter, flüchten bei Gefahr oder Müdigkeit auf oder unter diese

Mit Ausnahme des Rückenschildes sind die Larven fast durchsichtig.

und klammern sich mit ihren Geschwistern zu Bündeln zusammen.

### Besonderheiten anderer Krebse
#### Kamberkrebs

Die Begattung findet etwa zur gleichen Zeit wie beim Edelkrebs statt. Das Sperma wird jedoch in einer den Cambaridae eigenen Spermatothek aufbewahrt. Erst Ende April findet die Ablage an den Schwimmfüßchen statt. Vor kurzem gelang tschechischen Wissenschaftlern der Nachweis von „fakultativer Parthenogenese" (Jungfernzeugung) beim Kamberkrebs. Das heißt, die Weibchen waren im selben Wasserkörper von den Männchen durch ein Gitter getrennt, sodass keine Paarung erfolgen konnte. Der Eiabstoß, die Entwicklung und der Schlupf funktionierten jedoch normal, die Brütlinge waren jedoch alle weiblich und genetisch gesehen genaue Ebenbilder der Mutter (Klone).

#### Signalkrebs

Im Unterschied zum Edelkrebs ist das Weibchen der aktive Partner. Ist die Eireife erreicht, sucht es nach einem Männchen. Die

Edelkrebsweibchen mit Larven

Begattung erfolgt wie beim Edelkrebs, doch stoßen die Signalkrebsweibchen meist schon am nächsten Tag die Eier aus. Diese benötigen eine etwas kürzere Erbrütungszeit als beim Edelkrebs und der Schlupf erfolgt bereits im Mai.

**Marmorkrebs**

Der Marmorkrebs kam über die Aquarianerszene nach Europa. Es sind in Europa nur Weibchen vorhanden, die sich rein parthenogenetisch vermehren. Es wurden bereits Bestände in Freigewässern (Teiche, Seen) entdeckt.

Marmorkrebs

# KRANKHEITEN UND PARASITEN

Bei kaum einer wirtschaftlich genutzten Tierart sind Krankheiten und Parasiten so wenig untersucht, die Erreger nicht ausreichend bestimmt und die Auswirkungen kaum dokumentiert. Als Ausnahme gilt die Krebspest, die durch den angerichteten Schaden das Interesse an ihrem Erreger und folglich dessen Bekämpfung weckte. In diesem Kapitel werden nur die wichtigsten, ausreichend untersuchten Krankheiten und ihre Erreger beschrieben. Als Ektoparasit wird auch der Krebsegel angeführt, der bei uns in mehreren Arten vorkommt. Mittlerweile ist nachgewiesen, dass diese Tiere mit einer Ausnahme den Krebs selbst nicht schädigen und keineswegs Blut saugen, sondern eher symbiotisches Verhalten zeigen. Ein eventuelles Parasitieren auf den Krebseiern ist noch zu untersuchen.

## DIE KREBSPEST

Die Auswirkungen dieser durch den Schlauchpilz *Aphanomyces astaci* hervorgerufenen Krankheit wurden bereits im Kapitel „Ausbreitung der Krebse und Auftreten der Krebspest" (S. 18) ausreichend beschrieben. Die völlig fehlende Resistenz sowohl der europäischen Krebsarten als auch jener der Südhalbkugel, die nur teilweise Resistenz der *Pacifastacus*-Arten und die totale der Cambaridae zwingt zu dem Schluss, dass der Erreger aus Nordamerika eingeschleppt wurde. Ob durch einen Krebs im Ballastwasser eines Schiffes oder durch bewussten Import, wird wohl nicht mehr zu klären sein.

Um 1860 begann das erste große Krebssterben in der Lombardei, 1875 trat die Pest

Signalkrebs mit akuter Krebspest

# KRANKHEITEN UND PARASITEN

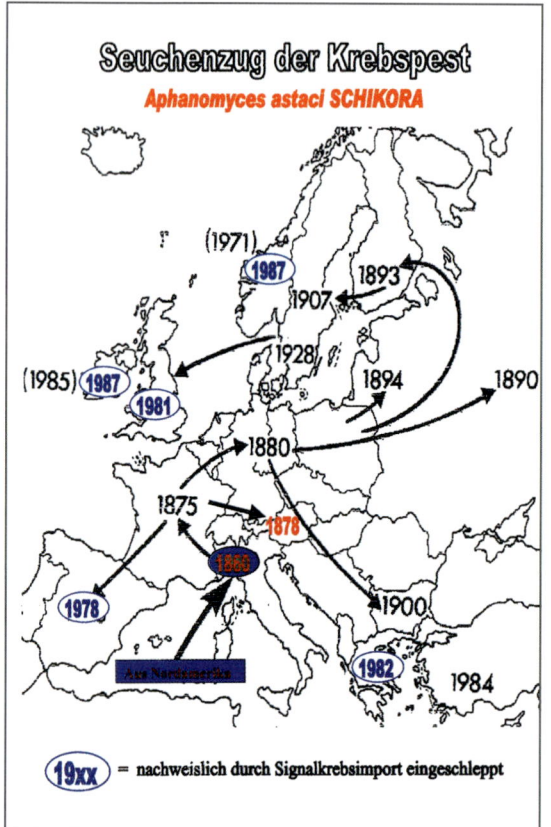

massiv in Frankreich auf, 1880 in Mitteleuropa, 1890 in Russland, 1893 in Finnland. 1900 hatte sie in südlicher Richtung Bulgarien erreicht. 1907 begannen die Massensterben in Schweden, 1958 in Spanien, 1981 auf den Britischen Inseln, 1982 in Griechenland, 1984 in der Türkei und 1987 in Norwegen und Irland. Das Auftreten der Krankheit in den Ländern nach 1980 ist ausnahmslos auf den Import von Signalkrebsen zurückzuführen. Allein im zweiten Halbjahr 1986 wurden 80 % der türkischen Bestände des Galiziers vernichtet, der zu diesem Zeitpunkt der meistgehandelte Speisekrebs Europas war.

## Lebenszyklus und Infektion

Der Lebenszyklus dieses Schlauchpilzes zeigt seine Funktion als spezialisierter Krebsparasit. Der infektiöse Teil ist eine Zoospore, die vom Pilzmycel eines an der Krankheit gestorbenen Krebses ausgestoßen wird. Diese Spore bewegt sich mithilfe einer Geißel (Flagellum) fort und sucht einen neuen Krebs zur Infektion. Dabei dient ihr die Fähigkeit, sich nach der Konzentration der von einem möglichen Wirt ausgestoßenen organischen Substanzen zu orientieren (CERENIUS und SÖDERHALL, 1984, 1985). Hat die Spore ihr Ziel erreicht, wirft sie ihre Geißel ab und bildet eine Zyste, um in den Krebs einzudringen. Ist sie jedoch auf keinem Krebs gelandet, verwandelt sie sich wieder in eine Spore, bildet eine Geißel und macht sich erneut auf die Suche. Diese Umwandlung kann jedoch nur in beschränkter Zahl erfolgen, da sie dazu auf Substanz aus der Zelle zurückgreifen muss, die nicht erneuerbar ist. Aus diesem Grund ist die Spore sehr kurzlebig und stirbt, wenn sie nicht innerhalb weniger Tage einen Krebs findet. Es sind keine Dauerstadien der Spore bekannt.

Bei einer **Infektion** des Krebses dauert es bei 20 °C Wassertemperatur ca. eine Woche, bis der Tod eintritt. Einige Tage nach der Infektion werden die Tiere zunehmend tagaktiv und putzen ständig ihren Körper mit den Schreitbeinen. Mit eingezogenem Abdomen, dem Verlust von Gliedmaßen und oftmaligem Umkippen kündigt sich der Tod an. Bei geringerer Wassertemperatur entwickelt sich der Erreger langsamer.

Folgende Voraussetzungen lassen auf eine Infektion mit *Aphanomyces astaci* schließen:
- Hohe Sterblichkeit einer empfänglichen Krebsart

- Andere Gewässerfauna **nicht** betroffen
- Verhaltensänderung bei infizierten Tieren (siehe Symptome)

Der **Nachweis der Krebspest** ist mittlerweile durch die DNA-Analyse mittels PCR-Verfahren von vielen veterinärmedizinischen Instituten problemlos durchführbar.

Anhand seiner DNA-Struktur lässt sich der jeweilige Erreger einem von mittlerweile vier in Europas Freigewässern nachgewiesenen **Genotypen** zuordnen:
- **Gruppe A:** Erreger, der im 19. Jahrhundert zum erstmaligen Auftreten der Krebspest in Europa führte
- **Gruppe B:** in den 1960er Jahren mit Signalkrebsimporten nach Schweden und Österreich gebracht; bei Signalkrebsen im Lake Tahoe und Sacramento River nachgewiesen; hauptverantwortlich für die meisten Pestausbrüche seit 1970
- **Gruppe C:** aus Signalkrebsimporten aus Kanada nach Finnland
- **Gruppe D:** Warmwasser bevorzugender Stamm, aus *Procambarus clarkii* in Spanien isoliert

Sowohl das **Auftreten** als auch der **Verlauf** einer Pesterkrankung in einem Krebsbestand sind von dessen Dichte abhängig. Bei geringer Dichte ist auch die Sporenkonzentration sehr niedrig, so dass nur wenige Krebse infiziert werden und sterben. Die Krankheit kann einen nahezu chronischen Verlauf nehmen. Erhöht sich aber die Krebsdichte, so findet die Spore leichter einen Wirt, die Sporenkonzentration schnellt in die Höhe und es kommt zum explosionsartigen Ausbruch der Krankheit.

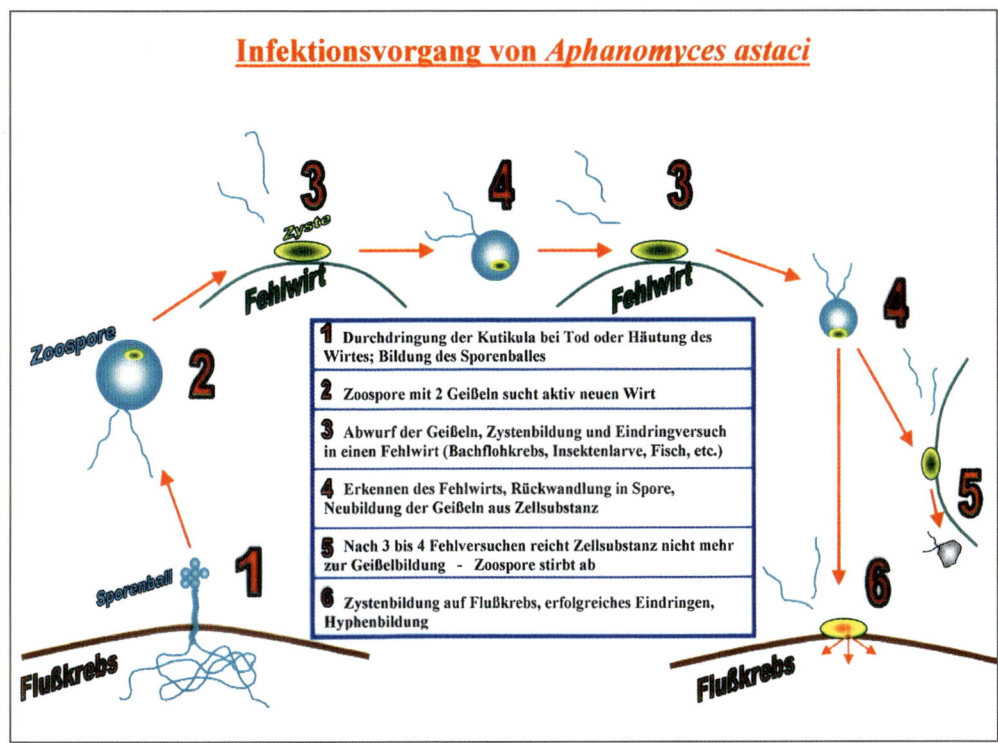

Bei allen europäischen Krebsarten kommt es durch die Pest (teils!) zu Totalausfällen.

Der **Signalkrebs** kann den Erreger abkapseln, und die Krankheit kommt nicht zwangsläufig zum Ausbruch. Bei Häutung und Tod eines Krebses werden jedoch die Sporen frei. Somit ist der Signalkrebs Krankheitsüberträger. In extremen Stresssituationen, wie z. B. einer Infektion mit einer zweiten Krankheit, kommt die Pest aber auch bei ihm zum Ausbruch und führt zu Massensterben.

Der **Kamberkrebs** und der **Rote Amerikanische Sumpfkrebs** sind gegen den Erreger resistent. Es kommt zu keinem Massensterben. Als Überträger der Krankheit sind sie jedoch eine Gefahr für die Bestände heimischer Krebse.

In den letzten zehn Jahren wurden in Europa mehrere Bestände heimischer Krebsarten entdeckt, die trotz einer Infektion mit dem Krankheitserreger über Jahre hinweg stabile Bestände erhalten können. In Schweden handelt es sich um einen Edelkrebsbestand, in Polen und Ungarn um Galizierkrebse und in Slowenien um einen Steinkrebsbestand. Es deutet vieles darauf hin, dass zusätzlich zu einer zunehmenden Resistenz der heimischen Arten eine Abschwächung des Erregers selbst die Ursache dafür sein könnte. Da bisher nur sehr selten Bestände heimischer Flusskrebse, die keine Krankheitssymptome aufwiesen, auf eine Infektion mit der Krebspest untersucht wurden, ist von einer sehr hohen Dunkelziffer auszugehen. Das gibt doch Anlass zur Hoffnung!

## Übertragung

Die Übertragung der Krebspest kann auf verschiedene Arten erfolgen. Die Bekämpfung der Krankheit ist nicht möglich.

- **Infizierte Krebse:** Die Hauptursache für die Infektion noch vorhandener Bestände heimischer Krebse ist der Besatz oder die natürliche Ausbreitung infizierter Tiere (v. a. nordamerikanische). Nach entsprechenden PCR-Untersuchungen ist anzunehmen, dass über 90 % aller in Europa vorkommenden Bestände nordamerikanischer Krebse mit der Krebspest infiziert sind! Gleichfalls bergen im Aquarien- und Zierfischhandel erhältliche Krebse ein enormes Gefahrenpotential. Im Speisefischhandel erhältliche Krebse (auch heimische) sind durch gemeinsame Hälterung mit anderen Arten nahezu ausschließlich infiziert.
- **Kontaminiertes Wasser/Geräte:** Das Übertragen des Erregers mit sporenhaltigem Wasser und durch mit Zysten behaftete Geräte bzw. Kleidungsstücke in ein anderes Gewässer ist nicht auszuschließen (Transportwasser, Taucheranzüge, Boote, Stiefel etc.). Gute Trocknung bzw. Desinfektion tötet Sporen und Zysten.
- **Fische, Vögel, Säugetiere:** Zysten tragende Besatzfische können den Erreger ebenso in ein Gewässer einbringen wie von Gewässer zu Gewässer wechselnde Vögel und Säugetiere (Bisam, Otter etc.).

## DIE PORZELLANKRANKHEIT

Die Porzellankrankheit ist relativ weit verbreitet, leicht zu erkennen und in ihrem Verlauf nicht seuchenartig. Der Erreger ist ein parasitischer Microsporid (*Thelohania contejani*), der die Muskelpartien des Abdomens und der Extremitäten befällt. Sowohl Stein- als auch Edelkrebs können befallen werden. Erkennbar ist diese Erkrankung an der Abdomenunterseite am porzellanartig weiß durchschimmernden Schwanzmuskel und an deutlichen Verhaltensstörungen. Die Porzellankrankheit führt in jedem Fall zum Tod des Krebses. Die Ansteckung erfolgt durch das Fressen eines erkrankten Artgenossen.

Von links: schwer erkrankt – beginnende Erkrankung – gesund

**Bekämpfung der Krankheit:** Ein Aufschaukeln der Erkrankung kann durch laufende Kontrollfänge mit Entnahme und Vernichtung infizierter Tiere verhindert werden.

## DIE BRANDFLECKENKRANKHEIT

Diese Krankheit wird bei den europäischen und den amerikanischen Krebsen von zwei verschiedenen Fadenpilzen verursacht. Die Symptome sind braune bis schwarze Flecken an Carapax, Abdomen oder Extremitäten, die manchmal ein Loch im Panzer umranden. Dieses Loch dürfte jedoch nicht als Symptom angesehen werden. Vielmehr ist anzunehmen, dass der Erreger eine Panzerverletzung zur Infektion nützt. Auch bei der Brandfleckenkrankheit kommt es zu keinen schweren Verlusten.

**Bekämpfung der Krankheit:** In Besatzkrebsaufzuchtanlagen ist eine deutliche Verbesserung durch Vorlage von altem Erlenlaub möglich; sonst nicht notwendig.

Typisches Krankheitsbild auf der Schere

## DIE KREBSEGEL

Die Krebsegel (Branchiobdellidae) gehören eigentlich nicht auf die Seite mit den Krankheiten, denn diese Tiere sind keine Parasiten im herkömmlichen Sinne. Sie werden hier angeführt, weil sie gewöhnlich für solche gehalten werden und daher hier am ehesten danach gesucht wird. Die Krebsegel sind mit einem Saugnapf am Panzer angeheftet und weiden mit dem Maul den tierischen und pflanzlichen Aufwuchs des Krebses ab. Bei Mageninhaltsanalysen wurden nur in einer Art Krebsblutzellen nachgewiesen.

Ihre Eikokons, als Ansammlung kleiner weißer Punkte erkennbar, kleben sie ebenfalls an den Panzer. Häutet sich der Krebs, so verlassen die Egel die leere Haut (Exuvie) und wechseln auf den Butterkrebs über. Dies gelingt nicht allen. Ebenso wie die Zurückgebliebenen sind die Eikokons auf der Exuvie verloren. Die Krebsegel sind eher als Kommensalen oder Symbionten zu bezeichnen.

*Branchiobdella* sind nahezu auf allen Stein- und Edelkrebsbeständen zu finden. Es gibt **vier Arten von Krebsegeln**, welche auf unseren heimischen Flusskrebsen leben.

- *Branchiobdella parasita*
  Großer Krebsegel, bis 12 mm Körperlänge, die Farbe ist weiß bis zartrosa, er ernährt sich von Aufwuchs, Ciliaten, aber auch größerer Beute. Kein Parasit! Die Kokons werden meist seitlich am Carapax abgelegt. Die Tiere halten sich am Carapax und am Hinterleib (Abdomen) auf.

- *Branchiobdella pentadonta*
  Kleiner Krebsegel, kaum über 4,5 mm Körperlänge, weiß, manchmal scheint gefüllter Darm leicht bräunlich durch. Er lebt von Organismen, die auf dem Krebspanzer wachsen, und ist wahrscheinlich Kommensale. Sitzt an der Unterseite der Krebse und an den Scheren. Die Kokons werden bevorzugt an den Basalgliedern des ersten Schreitbeinpaares abgelegt.

- *Branchiobdella balcanica*
  Kleiner Krebsegel, max. 4–5 mm Körperlänge, weiß, gefüllter Darm kann bräunlich durchscheinen. Als Nahrung dient Aufwuchs, Detritus und kleine Insektenlarven. Kommt hauptsächlich an den Scheren, am vorderen Kopfbrustpanzer und um die Mundwerkzeuge vor. Die Kokons wie bei *B. pentadonta*.

- *Branchiobdella hexadonta*
  Sehr kleine Krebsegel, in der Regel nur 3–4 mm Körperlänge, in den Kiemenhöhlen und manchmal an der Unterseite. Oft äußerlich nicht sichtbar. Fakultativer Parasit, lebt manchmal auch vom Kiemengewebe des Wirtes. Bei starkem Auftreten sind aber auch „mechanische" Beeinträchtigungen in den Kiemenhöhlen möglich.

Krebsegelbefall

# GEFÄHRDUNG VON KREBSBESTÄNDEN

## FEINDE

Der Ausdruck „Feind" als solches ist in der Tierwelt unangebracht, sofern es sich nicht um „Hund und Katz" handelt. Aber eine Überschrift „Krebsverzehrer" oder „Krebsfresser" würde wohl auch das eine oder andere Schmunzeln erregen.

### Fische

Der Krebs wird von vielen Tieren, vor allem aber von Fischen als Nahrung genutzt. Nur wenige Arten können aber zur wirklichen Gefahr werden. Bestandesbedrohend wirkt eigentlich nur der **Aal**. Durch seine ebenfalls nächtliche Aktivität und seine Körperform, die ein Verfolgen des Krebses bis in den Unterschlupf ermöglicht, kann ein starker Aalbestand ein Krebsvorkommen zum Erlöschen bringen bzw. alle Besatzversuche zum Scheitern verurteilen. Mit Raubfischen (Forellen, Barsche, Hechte) extrem überbesetzte Gewässer zeigen ähnliche Wirkung. Ein natürlicher Fischbestand dagegen tritt in günstige Wechselwirkung mit den Krebsen und ist auch aus bestandeshygienischen Gründen vorteilhaft.

Nahezu jede Fischart nimmt hin und wieder Krebsbrut als Nahrung zu sich. Am häufigsten wird Brut jedoch von Aal, Regenbogenforelle, Barsch, Aitel, Karpfen und Bachforelle (in dieser Reihenfolge) gefressen. Für größere Krebse kommen wieder Aal, Hecht,

Aal

Aitel, Barsch und Forellen als Räuber zum Tragen. Anscheinend gibt es unter Hechten sogenannte Krebsspezialisten, die sich im Sommer hauptsächlich von diesen Tieren ernähren, während im Magen anderer Hechte kaum Krebsreste zu finden sind. Im Verdauungstrakt eines 8 kg schweren Hechtes wurden zehn Krebse mit einem Gewicht von 60–120 g gefunden.

### Säugetiere und Vögel

Weitere potentielle Krebsfresser sind Ratten, Bisam und der wieder immer häufiger auftretende Fischotter. Für ihn ist der Krebs eine leicht zu fangende, hochwertige Eiweißquelle, die er gerne nutzt. In Gebieten, in denen der Otter vorkommt, lässt sich allein an seinen gerne unter Brücken abgelegten Exkrementen ein Krebsvorkommen im Gewässer bestätigen.

Bei den Vögeln sind es Eisvogel und Bachamsel, die gern Krebsbrut verzehren. Krähen und vor allem der Reiher fangen auch größere Exemplare.

### Insekten

Unter den Insekten sind es Libellen- und Gelbrandkäferlarven, die der Brut nachstellen.

## GEFAHREN FÜR DEN KREBSBESTAND

### Krebspest

Die größte Gefährdung für einen Krebsbestand geht von der Krebspest aus, wie schon mehrfach beschrieben. Einige Maßnahmen sind als Vorbeugung von großer Bedeutung. Die Einschleppung des Erregers erfolgt vielfach durch feuchte, nicht desinfizierte Kleidung und Gerätschaft, wie Kescher, Reusen, Kübel und Wannen. Es ist von großem Vorteil, wenn für jedes Krebsgewässer eigene Geräte verwendet werden, außerdem sollte vor der Arbeit an einem anderen Bestand die Kleidung gewechselt werden. Ist dies nicht möglich, so sind Kleidung und Geräte ausgiebig zu trocknen. Stiefel, Reusen, Kescher etc. können mit Formalin oder Actomar desinfiziert werden.

Unter die Krebsbewirtschaftung fällt auch das Verhindern des Zusammenwachsens von Krebsbeständen, umso mehr, wenn der Nachbarbestand aus „Amerikanern" besteht. In diesem Fall ist das Wissen um Krebsvorkommen in den Nachbarrevieren von großer Bedeutung. Mit konsequenter Befischung ist eine krebsfreie Zone zu erhalten, sofern die Bestände nicht desselben Ursprungs sind.

Eine Aufklärung von Fischereinachbarn und Teichinhabern in der näheren Umgebung über die Gefahren der Krebspest und ihrer Einschleppung durch fremde Krebse ist ratsam. Sollten Sie in Ihrer Hälterung einmal Krebse für Nachbarn oder Bekannte aufheben, so desinfizieren Sie diese ausgiebig, bevor Sie mit eigenen Geräten darin arbeiten oder eigene Krebse aufbewahren.

### Verbuttung

Diese wird bei Krebsen immer durch zu hohe Dichte und daraus resultierendem Nahrungsmangel verursacht und zeigt sich durch verminderten Wuchs. In guten Krebsgewässern mit geringem Fischbestand tritt dieser Zustand zwangsläufig auf, wenn unsachgemäß, d. h. ausschließlich Entnahme großer Männchen, bewirtschaftet wird.

Die Speisekrebserträge können in diesem Fall völlig zum Erliegen kommen. Gleichzeitig steigt die Gefahr, dass es durch den schlechten Ernährungszustand und den hohen Infektionsdruck zum Ausbruch von Krankheiten kommt. In größeren Gewässern sind diese Bestände kaum noch zu retten.

### Elektrofischerei

Über den Einfluss des Elektrofischfanges auf Krebsbestände in Fließgewässern lässt sich keine definitive Aussage treffen. Sicher ist, dass die jährliche Befischung sogenannter Aufzuchtbäche einen darin vorkommenden Krebsbestand schwer beeinträchtigt. Auch ist nachgewiesen, dass es unter bestimmten Umständen zur Autotomie, dem reflexartigen Verlust von Gliedmaßen bei Krebsen kommt. Andererseits wird in Finnland das Elektroaggregat zum Krebsfang eingesetzt. Wann und wie die Elektrofischerei bestimmte Reaktionen bei Krebsen hervorruft, wird noch zu untersuchen sein.

# AUSWIRKUNGEN EINES KREBSBESTANDES AUF EIN GEWÄSSER

## ÖKOLOGISCHER FAKTOR

Im Zusammenhang mit Krebsen taucht immer wieder das Schlagwort „Gewässerpolizei" auf. Diese Bezeichnung ist nicht unrichtig, da Krebse für eine sinnvolle und rasche Verwertung verletzter, kranker und toter Fische sowie anderer Wasserlebewesen Sorge tragen und einer unerwünschten Übervermehrung mancher Gewässerbewohner, wie Schnecken, Muscheln und Pflanzen, wirkungsvoll einen Riegel vorschieben. Zusätzlich kann man einen Krebsbestand aber auch als „Müllabfuhr" mit außerordentlichen Recyclingfähigkeiten sehen, da er nicht nur abgestorbene Flora und Fauna des Gewässers unter Umgehung mehrerer Stufen der Nahrungskette wieder in für Fische und Menschen nutzbare Biomasse umwandelt, sondern auch den organischen Eintrag aus der Umgebung des Gewässers (hauptsächlich Laub) nutzt und beseitigt. Andererseits kann ein zu starker Krebsbestand ein Gewässer an den Rand einer biologischen Verarmung führen.

Wenn wir vom Einfluss eines Krebsbestandes auf ein Gewässer sprechen, muss uns zuallererst bewusst sein, welchen Stellenwert ein solcher einnimmt. Krebse können einen **Anteil von 30 % an der gesamten Biomasse eines Gewässers** stellen. In fischfreien oder -armen stehenden Gewässern (z. B. Teichen oder Schottergruben) kann dieser Prozentsatz noch weit höher ausfallen und der Krebs die beiden obersten Glieder der Nahrungskette besetzen. An diesen Zahlen kann man abschätzen, welch gravierenden Änderungen unsere Bäche, Flüsse und Seen nach Durchzug der Krebspest unterworfen waren. Die entstandene Lücke in der Biomasse und der Nahrungskette musste durch andere Arten neu gefüllt werden, und gerade in der Verwertung von Detritus und abgestorbenem tierischen Material mussten nun vermehrt Bakterien und Pilze die Aufgabe der Krebse übernehmen, was eine Verlängerung der Nahrungskette um bis zu zwei Glieder bedeutet. Da in der Nahrungspyramide der Biomasseverlust von einer Stufe zur nächsten ca. eine Zehnerpotenz beträgt, wirkte sich dies natürlich auf das

> **HINWEIS!** Krebse als Gewässerpolizei
> 
> Krebse verwerten sowohl verletzte, kranke oder tote Wasserbewohner, wie Fische, Schnecken und Muscheln, als auch Pflanzen im Wasser und eingetragenes Laub.

nutzbare Endglied, die Fische, enorm aus. Zusätzlich zum Verlust eines der ertragreichsten Produkte, den Krebsen, kam noch eine Zuwachsverringerung bei den Fischbeständen (v. a. den Raubfischen).

Umgekehrt ist aus diesen Gründen ein **Krebsbesatz in einem Gewässer** als **schwerwiegender Eingriff in die vorhandene Biozönose** zu betrachten und bis zum Einpendeln eines neuen Gleichgewichts der Kräfte unter steter Aufsicht, Kontrolle und, wenn nötig, auch Beeinflussung zu halten.

Das Potential der Süßwasserkrebse zur **Bekämpfung übermäßiger Bestände von Muscheln** (z. B. Dreikantmuschel) **und Schnecken** in eutrophen Seen und Badeteichen wird auch bei uns seit geraumer Zeit eingesetzt. Viel zu wenig genutzt wird noch der Einfluss eines Krebsbestandes auf höhere **Wasserpflanzen und Algen**. Vor allem aus Schweden liegen wissenschaftliche Untersuchungen und Berichte über die rapide Verkrautung von Seen nach Durchzug der Krebspest vor. Aufgrund seines hohen Anteils an der Biomasse eines Gewässers und seiner Vorliebe für pflanzliche Nahrung wird dies auch verständlich. Bei geeigneten Gewässern und längerfristiger Planung kann er meines Erachtens die pflanzenfressenden ostasiatischen Cypriniden zur Bekämpfung von Wasserpflanzen nicht nur ersetzen, sondern darüber hinaus einer gewinnbringenden Nutzung zugeführt werden. Außerdem würde sich die leidige Diskussion über den Einsatz nichtheimischer Tiere erübrigen. Der Zeitraum bis zu einer merklichen Verringerung der Pflanzenmasse ist jedoch weitaus länger als beim Amur. Für Schnellschüsse eignen sich Krebse nicht. Je nach Besatz ist bis zur vollen **Entwicklung eines Bestandes** und somit

Dreikantmuscheln

einer entsprechenden Nutzung der Pflanzen mit **fünf bis zehn Jahren** zu rechnen.

Die Auswirkungen eines Krebsbestandes auf die Fische sind von verschiedenen Gesichtspunkten zu sehen. Natürlich nutzen und verringern Krebse zum Teil das Nahrungsangebot für Fische, wie z. B. Insekten und deren Larven, Würmer, Schnecken und Muscheln. Auf der anderen Seite bieten sie sich jedoch selbst als neue Nahrungsquelle an, die vor allem als Brut von keiner Fischart abgelehnt wird. Da sie auch als direktes Bindeglied von abgestorbenem organischen Material zu den Fischen fungieren, wird in diesem Bereich zumindest eine Stufe in der Nahrungspyramide übersprungen und eine Zehnerpotenz an Biomasseverlust eingespart. Dieser Vorteil übertrifft den Nachteil der Nahrungskonkurrenz deutlich, da der Anteil der für Fische nicht nutzbaren Krebsnahrung deutlich höher ist als jener Bereich, in dem Konkurrenz herrscht.

## ÖKONOMISCHER FAKTOR

Ich möchte Ihnen in wirtschaftlicher Hinsicht nicht den Himmel auf Erden versprechen, wie es in so manchen Publikationen getan wird. Eines ist jedoch sicher: Bei konsequenter und ausgleichender Bewirtschaftung des Fisch- und Krebsbestandes bei gegenseitiger Rücksichtnahme ist sowohl in der Berufs- als auch der Angelfischerei ein **deutlicher Einnahmenzuwachs garantiert**. Wie im Kapitel „Ökologischer Faktor" bereits angeführt, ist zumindest mit keiner Verschlechterung der Fischereizuwächse zu rechnen; eher mit einer Erhöhung. Zusätzlich ergeben sich entsprechende Einnahmen aus der Nutzung des Krebsbestandes oder der Vergabe des Krebsfangrechtes.

Wenn man mit einer geringen Nutzung von 20 kg Speisekrebsen pro ha stehenden oder km fließenden Gewässers rechnet und einen ebenso geringen Preis von € 20,–/kg zugrunde legt, ergibt sich eine Einnahmensteigerung von € 400,–/ha oder km. Es erscheint hier wie eine Milchmädchenrechnung, aber bei gut geeigneten Gewässern und einer entsprechenden Bewirtschaftung sind dies Mindestsätze. Eine genaue Berechnung lässt sich nur bei voll entwickeltem Krebsbestand anhand einer Bestandes- und Zuwachsanalyse und der Kenntnis der regional verschiedenen Absatzmöglichkeiten durchführen.

**HINWEIS!** Wirtschaftlicher Nutzen

Eine Bewirtschaftung vorhandener Bestände kann nie einen finanziellen Verlust bedeuten. Eine Neuansiedelung birgt das Risiko des Misslingens und somit den Verlust der doch relativ hohen Besatzkosten in sich. Um dieses Risiko zu minimieren, sind umfangreiche Vorarbeiten durchzuführen (siehe nächstes Kapitel).

Grundnetzfischerei in einem Gewässer mit Signalkrebsen

Starke Krebsbestände haben auf die Angel- und Stellnetzfischerei aber auch **negative Auswirkungen**. So ist in den vom Signalkrebs massiv besiedelten Gewässern Traun, Drau und Donau die Angelfischerei mit auf Grund gelegten Ködern nicht mehr möglich, da die Krebse die Köder permanent abfressen. Bei der Stellnetzfischerei auf Grund sagt das Bild (links) entsprechende Worte!

# BESATZ EINES GEWÄSSERS MIT KREBSEN

Bei den Vorbereitungen für einen Krebsbesatz steht an erster Stelle die Frage: Ist mein Gewässer dafür wirklich geeignet? Das mag lapidar klingen, aber gerade dieser Punkt wird meist vernachlässigt und ist eine der häufigsten Ursachen für das Misslingen einer Bestandesgründung.

## GEEIGNETE GEWÄSSER

Mehrere Kriterien sind bei der Beurteilung der möglichen Gewässer für den Besatz mit Krebsen zu beachten.

### Temperaturansprüche der Krebsart

Wie bereits bei der Artenbeschreibung angeführt, benötigt der Edelkrebs im Sommer eine Gewässertemperatur von mindestens 15 °C. **Optimale Temperaturverhältnisse** liegen **zwischen 18 und 22 °C** vor. Längerfristig sollten 26 °C nicht überschritten werden, da bei diesen Temperaturen Zuwachsverluste durch Aktivitätseinstellung sicher sind und Ausfälle vor allem beim Häutungsvorgang massiv eintreten können.

Tiefe Wintertemperaturen und Eisdecken sind keine Ausschließungsgründe. Sie wirken sich schlechtestenfalls in niedrigeren Zuwachsleistungen aus.

### Art und Zustand des Gewässers

Prinzipiell in Frage kommen Seen, Flüsse, Bäche, Teiche, Schotter- und Ziegelteiche, wenn sie die Temperaturkriterien erfüllen. Bei allen Gewässern sind **steile, lehmige, von Baumwurzeln durchwachsene oder mit Steinwürfen versehene Ufer** von unschätzbarem Vorteil, da die Dichte eines Krebsbestandes von der Anzahl der Versteckmöglichkeiten deutlich beeinflusst wird. Rasch fließende Gewässer mit starker Geschiebeführung und wenigen Gumpen und ruhigen Zonen sind für einen Krebsbesatz ebenso untauglich wie hart verbaute Strecken. Die Güteklasse sollte zumindest 2–3 betragen.

### Kontrolle auf Krebsvorkommen

Unbedingt notwendig ist die Untersuchung des Gewässers auf eventuell schon vorhandene Krebsbestände. Vielen Bewirtschaftern sind Krebsbestände (v. a. Steinkrebse) nicht bekannt, da sie bei der üblichen Befischung kaum zutage treten. Eine mehrmalige nächtliche Begehung der ruhigen Gewässerzonen im Sommer mit einer star-

Edelkrebs

ken Lampe wird in dieser Frage Aufklärung verschaffen.

Sind Krebse vorhanden, ist von einem Besatz prinzipiell Abstand zu nehmen. Beim Vorhandensein von Steinkrebsen kann der Besatz von Edelkrebsen in für diese geeigneten Gewässern den ursprünglichen Bestand verdrängen und zu dessen Verschwinden führen. Findet man Edelkrebse, so kann man sich die Besatzkosten sparen, denn auch bei sogenannten „verbutteten" Beständen oder zu geringer Dichte liegt es nicht an der genetischen Substanz der Tiere, sondern an den Lebensbedingungen, die diese vorfinden. Eine Verbesserung dieser Bedingungen bzw. eine gezielte Bewirtschaftung helfen einem solchen Bestand meist schnell auf die Sprünge. Hier sei auch angemerkt, dass die oft praktizierte „Blutauffrischung" von Beständen mit Krebsen aus anderen Gewässern ein Unding ist und ein enormes Risiko der Krankheitseinschleppung birgt. Die Kleinwüchsigkeit von verbutteten Beständen, die damit bekämpft werden soll, liegt meist in einer überhöhten Dichte begründet, die mit einer Optimierung des Nahrungsangebotes und einer Verringerung des Bestandes deutliche Verbesserung erfährt.

Finden sich amerikanische Krebse, ist das Risiko einer Krebspestübertragung viel zu hoch und ein Edelkrebsbesatz verlorene Liebesmüh. Geben Sie sich keinen Hoffnungen hin, einen solchen Bestand, mit welchen Mitteln auch immer, ausrotten zu können; es gelingt nicht. Nutzen Sie diese Krebse intensiv. Dadurch können Sie nicht nur Einnahmen erzielen, sondern auch einer unerwünschten Ausbreitung dieser Art vorbeugen. Auch der nähere Einzugsbereich des Gewässers ist durch Gespräche mit den Bewirtschaftern und Teichbesitzern auf das Vorhandensein amerikanischer Krebse zu kontrollieren, da durch das Eindriften von Krebspestsporen oder das Einwandern von Krebsen aus diesem Bereich ein Besatz sehr schnell verloren ist. Das Risiko eines

Krebsbesatzes steigt mit der Entfernung zur Quelle des Gewässers, da die Möglichkeiten einer ungünstigen Beeinflussung vor allem durch amerikanische Krebse drastisch zunehmen. In dieser Hinsicht sind relativ abgeschlossene Gewässer wie Quell- oder Grundwasserteiche und Seen in den Oberläufen von Flüssen am besten für Besatzzwecke geeignet.

## Fischbestand

Artenzusammensetzung und Dichte des Fischbestandes spielen eine entscheidende Rolle, ob der Krebsbesatz gelingt oder scheitert. Ein starkes Aalvorkommen schädigt schon bestehende Krebsbestände enorm. Umso mehr verhindert es die Neuansiedlung. In Gewässern mit extrem starkem Raubfischbestand verkommt ein Krebsbesatz ebenso zu sündteurem Fischfutter wie in gutbesetzten Angel- und Zuchtteichen. Selbst Karpfen in großer Zahl dezimieren den Krebsnachwuchs dermaßen, dass an einen Bestandesaufbau nicht zu denken ist. Ein Eingriff in den vorhandenen Fischbestand ist vor dem Besatz mit Krebsen unbedingt zu überdenken. Auch die noch immer gängige Praxis des Besatzes von Fließgewässern mit fangfähigen Forellen widerspricht jeder natürlichen Struktur, die für die Krebse eines der wichtigsten Kriterien ist.

## Vorbereitung eines Gewässers

Durch Pflanzung von Ufergehölz, vor allem Erlen, Schaffung von Steinwürfen und anderen Unterschlupfmöglichkeiten und Gewässerzonen mit geringer Fließgeschwindigkeit lassen sich die Lebensbedingungen für Krebse deutlich verbessern. Auch der Rückbau harter Gewässerverbauungen, wie er endlich häufiger durchgeführt wird, kann frühere Lebensräume der Krebse wieder für diese nutzbar machen.

# BESATZ

Nach den nun erhobenen Gewässerkriterien sind die Entscheidungen bezüglich der Besatzaktion zu treffen.

## Besatzkrebse
### Krebsart

In **sommerkühlen, rasch fließenden Bächen und Flüssen** wird man mit dem Edelkrebs keine Freude haben, da er unter diesen Bedingungen keinen seiner Vorzüge ausspielen kann. In solchen Gewässern ist ein Besatz mit **Steinkrebsen** anzudenken. Wirtschaftlich sind beim Steinkrebs keine besonderen Vorteile zu erwarten, jedoch erhöht ein Bestand die ökologische Stabilität des Gewässers, und einer bedrohten Tierart wird geholfen. Besatzmaterial vom

Besatz mit geschlechtsreifen Edelkrebsen – eine langsame Anpassung an das neue Gewässer ist wichtig.

Steinkrebs ist schwer zu bekommen. Am besten ersucht man den Bewirtschafter eines nahegelegenen Gewässers mit starkem Bestand, jährlich mehrere Tiere entnehmen zu dürfen.

Werden die oben angeführten Gewässerkriterien gut erfüllt, verbleibt der **Edelkrebs** als einzig in Betracht kommende Art. Der Besatz von Freigewässern mit amerikanischen Krebsen ist aus verständlichen Gründen verboten. Der Besatz mit Dohlenkrebsen ist nur in Gewässern anzuraten, aus denen er, aus welchen Gründen auch immer, verschwunden ist und die Ursache hierfür nicht mehr zum Tragen kommt.

**Alter, Größe**
Die Wahl der Größe der Besatzkrebse hängt wieder von mehreren Faktoren ab. Ein Besatz mit **Krebsbrut** ist in den meisten Fällen zu meiden. Er ist bestenfalls in fischleeren Teichen zielführend.

**Edelkrebssömmerlinge** (ca. 3 cm) bieten viele Vorteile. Sie eignen sich vor allem für Gewässer mit geringem bis normalem Fischbestand und sind in kleineren Teichen und Bächen die einzig mögliche Form der Bestandesgründung, da hier die Auswanderungstendenzen der erwachsenen Krebse noch nicht gegeben sind. Die Bestandesentwicklung verläuft relativ langsam, da erst im dritten Jahr mit Nachwuchs zu rechnen ist und ein Erreichen des Entwicklungszieles je nach eingesetztem Kapital im Verhältnis zur Gewässergröße erst zwischen sechs und zwölf Jahren möglich ist.

**Zweisömmrige Besatzkrebse** (ca. 7 cm) aus Zuchtanstalten bieten die Vorteile der Sömmerlinge, sind aber bereits wehrhafter und auch für Gewässer mit höherem Fischbestand geeignet. Sie sind aber selten zu bekommen und im Verhältnis teuer.

Der **Besatz mit geschlechtsreifen Krebsen** birgt so manches Risiko, hat aber auch seine Vorteile. Die Gefahr der Krankheitseinschleppung (v. a. Porzellankrankheit, selten Krebspest) ist bei erwachsenen Tieren, die meist aus Teichpopulationen stammen, ebenso vorhanden wie ihr Drang, nach dem Umsetzen ihr angestammtes Heimatgewässer zu suchen. Da sie in kleinen Teichen und Bächen dabei auch an Land gehen, können die eintretenden Verluste enorm sein. Unbestrittene Vorteile ergeben sich jedoch beim Besatz großer Gewässer, bei hoher Fischdichte und wenn eine Vollpopulation möglichst rasch erreicht werden soll. Krebse dieser Größe sind meist leicht über Zuchtanstalten zu bekommen, aber relativ teuer.

> **WICHTIG!** Bestände nicht mischen
>
> Auf keinen Fall dürfen Krebse aus verschiedenen Beständen und Gebieten zusammengekauft werden, da dadurch die Wahrscheinlichkeit einer Krebspestepidemie drastisch ansteigt.

Edelkrebse auf dem Weg in ihre neue Heimat

Die Möglichkeit, **eiertragende Weibchen** zu besetzen, sollte nicht gänzlich ausgeschlossen werden. Auf alle Fälle müssen auch Männchen im Verhältnis 1:5 zugesetzt werden, da sonst das Vermehrungspotential der Weibchen in den nächsten Jahren brachliegt.

### HINWEIS! Idealbesatz

Der Idealbesatz zum möglichst raschen Aufbau einer Vollpopulation setzt sich entsprechend der Bestandespyramide zusammen. Sömmerlinge, Zweisömmrige und Geschlechtsreife in mit zunehmendem Alter abnehmender, aber dennoch ausreichender Stückzahl als einmaliger kostenintensiver Besatz können in der Bestandesentwicklung drei bis sechs Jahre einsparen.

Wie auch immer: Es bleibt dem Bewirtschafter überlassen, den Kompromiss zwischen Geldbeutel und Besatzziel zu finden. Über eine gewisse Mindestmenge kommt man jedoch nicht hinweg. Der im Gewässer produzierte Nachwuchs muss, sobald er die Größe der Besatztiere erreicht hat, die Besatzzahl deutlich übersteigen, um eine positive Entwicklung zu gewährleisten.

### Herkunft der Besatzkrebse

Die beste und sicherste Bezugsquelle von Besatzkrebsen sind mit Sicherheit **Zuchtanstalten**. Die Tiere sind in ausreichender Zahl erhältlich und krebspestfrei, da die Bestände bei relativ hohen Dichten seit Jahren unter Kontrolle stehen.

Bei manchen **Karpfenteichabfischungen** fallen als **Nebenprodukt** auch Krebse an, die im Nahbereich als Besatz Verwendung finden können. Diese müssen jedoch direkt vom Teich in ihr neues Gewässer gelangen, da in Fischhälterungsanlagen die Gefahr einer Infektion mit der Krebspest immer vorhanden ist.

Auf **Fischmärkten** angebotene Speisekrebse haben ihre Bestimmung ausschließlich im Kochtopf zu suchen, da sie durch Transport und Hälterung in den meisten Fällen mit dem Krebspesterreger in Berührung gekommen sind. Das Gleiche gilt für Krebse im Aquariumhandel, da es sich immer um amerikanische Arten handelt.

> **Autochthon oder standortfremd?**
>
> Der von Fischereibiologen oftmals vertretenen Ansicht, dass Besatzkrebse aus Zuchtanstalten als nicht autochthon zu betrachten sind, muss einiges entgegengehalten werden. Im Gegensatz zum Steinkrebs, der nie im Brennpunkt des kulinarischen und wirtschaftlichen Interesses stand, lässt sich bei Edelkrebsbeständen nur in Ausnahmefällen anthropogener (menschlicher) Einfluss ausschließen. Seit dem Mittelalter wurden Millionen Krebse kreuz und quer durch Europa geschleppt, gehandelt und ausgesetzt, ganze Gewässerzüge in Fließgeschwindigkeit und Temperatur verändert und somit für Krebsbestände erst zum möglichen Lebensraum gestaltet. Der Edelkrebs ist in Mitteleuropa als autochthon zu betrachten, eine Anwendung dieses Begriffes auf einzelne Bestände, Gewässerzüge oder Landstriche ist jedoch in den meisten Fällen nicht zulässig. Als konkretes Beispiel sei hier das Waldviertel im nordwestlichen Niederösterreich angeführt. Diese Hochebene in einer Lage von 400–700 m Seehöhe weist eine Jahresdurchschnitts- und somit auch Quelltemperatur von ca. 7 °C auf. Da keine natürlichen stehenden Gewässer vorhanden sind, erreichen die wenigsten Bäche und Flüsse meist nur im Unterlauf eine dem Edelkrebs entsprechende

Temperatur. Die meisten Gewässer waren mit Sicherheit dem Steinkrebs vorbehalten. Ab dem Spätmittelalter begannen die hier häufig anzutreffenden Klöster mit der Anlage von Karpfenteichen, um ausreichend Fische während der Fastenzeiten zur Verfügung zu haben. Nachdem die Mönche jener Zeit keine Kostverächter waren, wurde in die Teiche alles wohlschmeckende und nicht unter die Fastenregel fallende Wassergetier, darunter natürlich auch der Krebs, eingebracht. Bezugsquelle waren andere Klöster und Bistümer, die zu natürlichen Ressourcen Zugang hatten. Im Laufe der Jahrhunderte entstanden so im Oberlauf nahezu jedes Baches großflächige Karpfenteiche mit Zulauftemperaturen von maximal 12 °C und Ablauftemperaturen von mindestens 18–20 °C im Sommer. Dies führte zu einer drastischen Erhöhung der Sommertemperaturen in den Fließgewässern, welche dadurch erst von den in den Teichen befindlichen Edelkrebsen besiedelt werden konnten. Nur die weiträumige Teichwirtschaft mit den zu diesem Zweck eingebrachten Krebsen ermöglichte die durchgehende Besiedelung des Waldviertels mit dem Edelkrebs. In der gegebenen Diktion müsste man 90 % der hier noch vorhandenen Bestände als standortfremd einstufen.

## Besatzmenge

Als Mindestbesatz **für Teiche, Schotterteiche, kleinere Seen und Fließgewässer** sind beim Edelkrebssömmerling ein bis zwei Stück pro Laufmeter Ufer anzunehmen. Dieser Besatz ist in den beiden Folgejahren zu wiederholen, um einen kontinuierlichen Bestandesaufbau zu erreichen.

In **großen Seen und Fließgewässern** sind einzelne, gut geeignete Abschnitte massiv zu besetzen (drei bis fünf Sömmerlinge je Laufmeter in drei aufeinanderfolgenden Jahren), um so Populationsinseln zu schaffen, von denen der Rest des Gewässers im Laufe der Zeit besiedelt wird. Beim Besatz mit geschlechtsreifen Krebsen reicht ein einmaliger Besatz mit einer Stückzahl, die den Uferlaufmetern entspricht. In großen Gewässern sind wie beim Sömmerling einzelne Abschnitte mit drei bis fünf Krebsen je Laufmeter, aber nur einmalig, zu besetzen.

**HINWEIS!** Besatzzahlen

Je höher die Besatzzahlen sind, desto eher erreicht man natürlich eine nutzbare Vollpopulation.

## Besatzzeitpunkt

Meist ist die Verfügbarkeit der entsprechenden Besatzkrebse in der Zuchtanstalt ausschlaggebend für den Besatzzeitpunkt. Eiertragende Weibchen können natürlich nur im Frühjahr, am besten im Mai, bezogen und ausgesetzt werden. Krebsbrut wird nur im Juni anfallen, Sömmerlinge nur im Herbst. Geschlechtsreife Krebse sind in Zuchten hauptsächlich im Frühjahr, nach Abfischung der Elterntierteiche, oder Ende August, Anfang September nach der besten Fangzeit zu bekommen. Der **Herbst** scheint die beste Besatzzeit zu sein. Bei stark sinkenden Wassertemperaturen schränken die Krebse ihre Aktivitäten bereits ein und suchen geeignete Winterverstecke. Im Frühjahr, bei steigender Aktivität, sind die Krebse das neue Heimatgewässer schon gewohnt, und die Gefahr der Auswanderung ist nicht mehr gegeben.

## Durchführung des Besatzes

Besatzkrebse werden meist vom Käufer bei der Krebszuchtanstalt abgeholt oder von dieser mit der Bahn verschickt. Sömmerlinge werden für den Transport in Plastikbehältern mit Wasser und Sauerstoffblase oder ohne Wasser auf feuchter Holzwolle in Styroporschachteln verpackt. Größere Krebse werden prinzipiell nur trocken transportiert.

Die besten Besatzstellen (ruhiges Wasser, viele Unterstände) hat man bereits vorher ausgekundschaftet. An diesen Plätzen werden die Krebse in Gruppen von 50 bis 100 Stück bei Sömmerlingen und zehn bis 20 Stück bei Erwachsenen ins Gewässer entlassen. Trocken transportierte Krebse übergießt man zuerst einige Male mit dem Wasser ihrer neuen Heimat und setzt sie danach direkt ins Gewässer. Bei Sömmerlingen im Plastikbehälter füllt man etwas Wasser zu und lässt den Behälter mit den Krebsen fünf bis zehn Minuten schwimmen, um die Temperatur anzugleichen. Es ergibt wenig Sinn, die Krebse einzeln auf die gesamte Uferlänge zu verteilen, da Ausfälle unumgänglich sind, und dadurch bei der ersten Geschlechtsreife Lücken klaffen und sich die Krebse zur Paarung nicht finden.

**Kontrolle des Besatzes**

Bei einem Mindestbesatz mit Sömmerlingen wird man im ersten Jahr kaum Krebse entdecken bzw. Spuren von ihnen finden. Der Folgebesatz wird meist durchzuführen sein, ohne zu wissen, ob der Erstbesatz gelungen ist. Mehrere nächtliche Kontrollen mit einer starken Lampe an den Besatzstellen können jedoch auch bereits ein Jahr nach Besatz Gewissheit bringen. Im zweiten Jahr müssen im August einige Krebse mit einer Länge von mehr als 6 cm zu finden sein.

Hat man geschlechtsreife Krebse in ausreichender Menge besetzt, so ist eine nächtliche Kontrolle an den Besatzstellen bereits im darauffolgenden Frühjahr möglich. Ab dem Auftauchen der ersten Krebse sind zumindest im Frühjahr, im Sommer und im Herbst Kontrollbegehungen durchzuführen, wobei Anzahl und Größe der Krebse und der Gewässerbereich, in dem sie gefunden wurden, zu notieren sind. So erhält man einen Überblick über die Entwicklung der Besatzkrebse bis zur Bildung einer geschlossenen Population.

# FANGMETHODEN

Krebse zu fangen, ist an sich nicht schwer. Einen Bestand jedoch in wirtschaftlicher Form zu nutzen, bedarf entsprechender Gerätschaft, einiger Erfahrung und Vorbereitung.

## GERÄTSCHAFTEN FÜR DEN KREBSFANG

### Händisch, mit Kescher
Der Krebsfang mit der Hand oder unter Zuhilfenahme eines Keschers ist in kleineren Fließgewässern und im Uferbereich stehender Gewässer ohne weiteres möglich, aber nicht sehr effizient. In kleinen Gerinnen kann damit das Auslangen gefunden werden.

Zur Erstellung der Bestandesanalyse benötigt man jedoch auch kleine Krebse, die in den gebräuchlichen Fallen kaum zu fangen sind. Hier kommt der Fang mit Hand oder Kescher und starker Lampe zum Einsatz.

### Köderfischdaubel
Die Köderfischdaubel im Ausmaß von 1 x 1 m kann, mit einem Köder in der Mitte bestückt, vor allem in stehenden Gewässern mit starkem Krebsbestand und bei genauer Kenntnis des Untergrundes gute Dienste leisten. Der Vorgang ist derselbe wie beim Fang mit dem Krebsteller. Bei unbekanntem Gewässergrund ist die Gefahr des Hängenbleibens sehr groß.

### Krebsteller
Er besteht aus einem mit Netz (Maschenweite mindestens 5 mm) bespannten Drahtring mit einem Durchmesser von 30–40 cm. An drei Punkten werden ca. 30 cm lange Schnüre angeknüpft, die an ihrem anderen Ende mit der Hauptschnur verbunden werden. Diese wird wiederum an einer Stange befestigt. Die Länge der Hauptschnur richtet sich nach der Tiefe der Fangstelle. In der Mitte des Netzes wird mit Draht oder Schnur ein Köder befestigt und der Krebsteller mithilfe der Stange an der gewünschten (möglichst ebenen) Stelle des Grundes ausgelegt. Man kann mehrere Teller im Abstand von mindestens 10 m verwenden. Nach 15 bis 20 Minuten hebt man die Teller sehr zügig aus dem Wasser. Die Krebse, die in unmittelbarer Nähe des Köders auf dem Netz sitzen, werden durch die Beschleunigung angedrückt und können nicht flüchten.

Nach Abnahme der Krebse und Kontrolle bzw. Erneuerung der Köder werden die Teller wieder ausgelegt. Wenn die Fängigkeit eines Tellers nachlässt, wird er an einem anderen Ort ausgelegt.

Besonders fängig sind Krebsteller mit einem zweiten Drahtring, der mit einem ca. 5 cm breiten Netzstreifen mit dem ersten verbunden ist. Dadurch ergibt sich beim Anheben ein ebenso hoher Rand, der eine Flucht der Krebse absolut verhindert. Ein kleines Korkstück kann ca. 1 m über dem Teller an der Hauptschnur befestigt werden, um die Schnur bis zu diesem Punkt gespannt zu halten. Der Teller samt Rand muss jedoch satt am Boden aufliegen.

Krebsteller sind sehr fängig, aber auch zeit- und arbeitsintensiv. Zur Bewirtschaftung größerer Gewässer eignen sich diese nicht, doch ist es sehr reizvoll, mit Freunden abends auf diese Art Krebse zu fangen und an Ort und Stelle zu kochen und zu verspeisen. Mit Tellern kann natürlich erst ab Einbruch der Dämmerung gefischt werden.

## Reusen

Die einzige zur Bestandesbewirtschaftung wirksame Form des Krebsfanges ist die mit Reusen. Dies sind Drahtkörbe unterschiedlicher Form und Größe mit meist zwei kegelförmigen, sich verengenden Eingängen. Es gibt bereits sehr gute Plastikreusen schwedischer und finnischer Herkunft, die einfach zu bedienen sind. Sie sind mit einer Längsleiste aus Metall ausgestattet, um ein Abrollen auf abschüssigen Ufern zu verhindern. Im Inneren der Reuse wird ein Köder befestigt, anschließend wird diese in der Nähe der Verstecke und Weideplätze der Krebse versenkt. Bei intensiver Befischung eines Abschnittes soll der Abstand zwischen den Reusen 10–15 m betragen.

Mit dem Auslegen kann bereits am Nachmittag begonnen werden und die Reusen bleiben meist über Nacht im Gewässer. Bei sehr dichten Beständen kann eine Entlee-

Beköderte Kunststoffreuse

rung und Neubeköderung der Reusen zwischen 22 und 23 Uhr notwendig und sinnvoll sein. Am nächsten Tag werden die Reusen ausgehoben und die Krebse entnommen. Bei gutem Fang kann die Reuse wieder beködert und an der gleichen Stelle versenkt werden. Bei schlechten Ergebnissen ist der Standort zu wechseln. Aus Gründen der Rationalität empfiehlt sich eine intensive Befischung eines Abschnittes mit mehreren Reusen über mehrere Nächte. Erst bei merklichem Nachlassen der Fangergebnisse wird ein neuer Abschnitt aufgesucht.

### Köder

Als beste Köder haben sich Stücke von Schweins- oder Rinderleber und von Weißfischen erwiesen. Salmoniden, Barschartige und Hecht werden nicht so gerne angenommen.

Edelkrebsweibchen in dieser Größe sind nur selten bereits geschlechtsreif.

Wichtig ist, dass die Köderstücke absolut frisch sind! Fleisch und Fisch sind, sobald sie zu stinken beginnen, ebenso unbrauchbar wie ein Köder, der bereits eine Nacht in der Reuse im Wasser verbracht hat.

## FANGZEIT

Die besten Fangzeiten für Krebse sind Mitte Juli und Mitte August bis Ende September. Sie sind abhängig von der Gewässertemperatur und den Häutungsphasen.

# KARTIERUNG UND BESTANDESERFASSUNG

## KARTIERUNG

Die Kartierung gilt der Feststellung, ob und wo in einem Gewässersystem welche Art von Flusskrebsen vorkommt. Je nach Gewässergröße ist eine unterschiedliche Herangehensweise notwendig und Aussagekraft gegeben. Eine grobe Anschätzung der Bestandesdichte ist mit einiger Erfahrung möglich.

### Kleine Fließgewässer

In kleinen Bächen und Flüssen (bis ca. 500 l/sec. Durchfluss) sind üblicherweise keine Fangmittel wie Reuse oder Krebsteller nötig. Das Gewässer wird vorerst bei Tag begangen und das Augenmerk auf Verdachtsmomente gelegt. Dies sind vor allem Ausschubhügel vor den Krebshöhlen, tote Tiere oder Exuvien (leere Panzerhäute nach der Häutung). Durch das Umdrehen loser Strukturelemente, wie Steine oder Totholz, kann man sich z. B. in kleineren Steinkrebsbächen schon untertags einen guten Überblick verschaffen. Eine Nachtbegehung mit starker Taschen- oder Stirnlampe in der geeigneten Jahreszeit bringt dann die entsprechenden Aufschlüsse.

Die Aussagekraft ist in diesen Gewässern sehr hoch, auch eine Anschätzung der Bestandesdichte ist möglich. Der Arbeitsaufwand ist bei dieser Methode relativ gering.

### Mittlere und große Fließgewässer

Hier wird ebenfalls, so es die Sichttiefe zulässt, eine Tag- und eine Nachtbegehung der Seichtbereiche durchgeführt. Zusätzlich kommen aber über Nacht noch Reusen und/oder Krebsteller zum Einsatz.

Sollten keine Krebse entdeckt oder gefangen werden, heißt das noch nicht, dass keine vorhanden sind! In dünneren Beständen

Kleines Fließgewässer

ist die Reuse absolut wirkungslos, da bei genügend Nahrungsangebot die Krebse damit kaum fangbar sind. Nur ein positiver Befund ist aussagekräftig!

## Stehende Gewässer

Die Uferbereiche von Teichen und Seen werden nachts begangen oder mit dem Boot befahren. Zum Einsatz kommen wieder eine starke Lampe und eventuell ein Schauglas. Auch Reusen werden verwendet. Für größere, halbwegs klare Gewässer sind natürlich Nachttauchgänge von „flusskrebserfahrenen" Personen am aussagekräftigsten.

Stehendes Gewässer

# BESTANDESERFASSUNG

Als Grundlage einer ökologisch und ökonomisch richtigen Bewirtschaftung eines Krebsbestandes ist die Bestandeserfassung unerlässlich. Dazu gehören die Analyse der **Größenverteilung**, die über Altersstruktur und Wachstum Auskunft gibt, und die Analyse der **Populationsdichte**.

Auf der Basis der hier erhobenen Daten lässt sich ein **Nutzungsplan** erstellen (siehe nächstes Kapitel). Er enthält das Nutzungsausmaß, aber auch diverse Maßnahmen zur Erreichung eines Bewirtschaftungszieles. Nach Erstellung des Nutzungsplanes reicht die jährliche Erhebung der Größenverteilung, um die Auswirkung der Bewirtschaftung auf den Bestand zu erkennen und notfalls deren Form zu ändern. Etwa alle fünf Jahre sollte eine komplette Neuerfassung der Daten mit einer Revision des Nutzungsplanes erfolgen.

## Qualitative Bestandeserhebung (Größenverteilung)

Anhand der Größenverteilung lassen sich vor allem zwei wichtige Faktoren des Populationszustandes feststellen:

- die Reproduktionsfähigkeit des Bestandes und
- die durchschnittliche Länge der einzelnen Jahrgänge.

Da bei Krebsen eine Altersbestimmung am einzelnen Tier nicht möglich ist und eine Markierung bei der nächsten Häutung verlorengeht, muss die Körperlänge der Tiere als Maß herangezogen werden. Die Weibchen sind ob ihres geringeren Wachstums gesondert zu behandeln und dürfen nicht mit den Männchen gemeinsam ausgewertet werden. Ebenso darf nicht außer Acht gelassen werden, dass die Fangbarkeit kleiner Krebse (erster und zweiter Jahrgang) weit geringer ist und die absoluten Zahlen nicht direkt in Verhältnis zu setzen sind mit jenen der Krebse ab dem dritten Jahr.

Zur **Längenvermessung in mm** mittels Schublehre stehen uns **drei Messmethoden** zur Verfügung:
- **Totallänge (TL):** von Rostrumspitze bis Telsonende; schwierig zu messen und

ungenau, da die Krebse versuchen, den Schwanz einzuschlagen
- **Carapaxlänge (CL):** von Rostrumspitze bis zum hinteren Ende des Carapax; leicht und relativ genau zu messen; CL x 2 = ca. TL; Ungenauigkeit nur bei Rostrumschäden oder -verformungen
- **Ocular-Carapaxlänge (OCL):** vom hinteren Rand der „Augenhöhle" bis zum Ende des Carapax; genaueste Methode, relativ schwierig zu messen; keine einfache Relation zu TL

Totallänge

Üblicherweise wird die Vermessung der Carapaxlänge (CL) angewendet. Als Maßstufen reichen in normalwüchsigen Beständen Einheiten von 2 mm. Nur in kleinwüchsigen Beständen oder beim Steinkrebs kann 1 mm erforderlich sein.

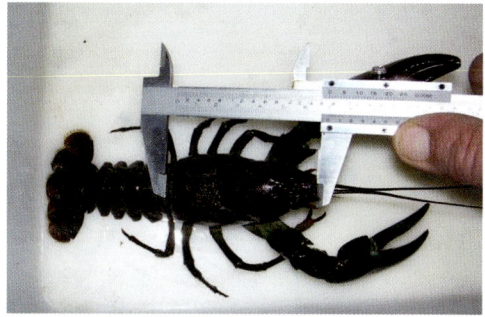

Carapaxlänge

Zur Erhebung der Daten ist der Fang einer möglichst großen Zahl von Krebsen nötig. Dieser wird an vielen verschiedenen Stellen unter Verwendung aller zur Verfügung stehenden Fangeinrichtungen durchgeführt. Hier ist der Fang mit Hand und feinem Kescher notwendig, um auch Krebse der ersten beiden Jahrgänge in die Bewertung aufnehmen zu können. Bei den gefangenen Krebsen werden folgende Angaben bestimmt und notiert:
- das Geschlecht,
- die Carapaxlänge,
- das Gewicht in Gramm und
- der Zustand der Scheren (vollständig vorhanden: ja oder nein).

Daraufhin werden die Tiere bis zum Ende der Aktion gehältert. Soll auch eine Erfassung der Bestandesdichte durchgeführt werden, so sind die Krebse vor dem Zurücksetzen zu markieren (siehe „Populationsdichte").

Ocular-Carapax-Länge

Die erhobenen **Daten** werden **in Form eines Balkendiagrammes** für jedes Geschlecht ausgewertet. Anhand der Deutlichkeit der Altersklassentrennung, der zugewiesenen Länge und des Verhältnisses der Stückzahlen der einzelnen Jahrgänge zueinander lässt sich der Zustand einer Population relativ gut beurteilen.

Zur Veranschaulichung zeige ich in der Folge einige konkrete Beispiele, um anhand dieser die Aussagekraft, aber auch die Problematik der Balkendiagramme zu erläutern.

**Beispiel 1**
Beispiel 1 zeigt die Größenverteilung eines Krebsbestandes in einem 1,5 ha großen Teich mit sommerlichen Oberflächentemperaturen von ca. 22–23 °C. Der Teich wurde Ende August mit neun Krebstellern, 15 Reusen und feinmaschigen Keschern in der Zeit von 20 bis 23 Uhr befischt. Es wurden 266 Männchen und 232 Weibchen gefangen und die Carapaxlänge wurde auf 1 mm genau vermessen. Die Auswertung erfolgte vorerst in Stufen von 2 mm, wurde später auch mit 1 mm durchgeführt.

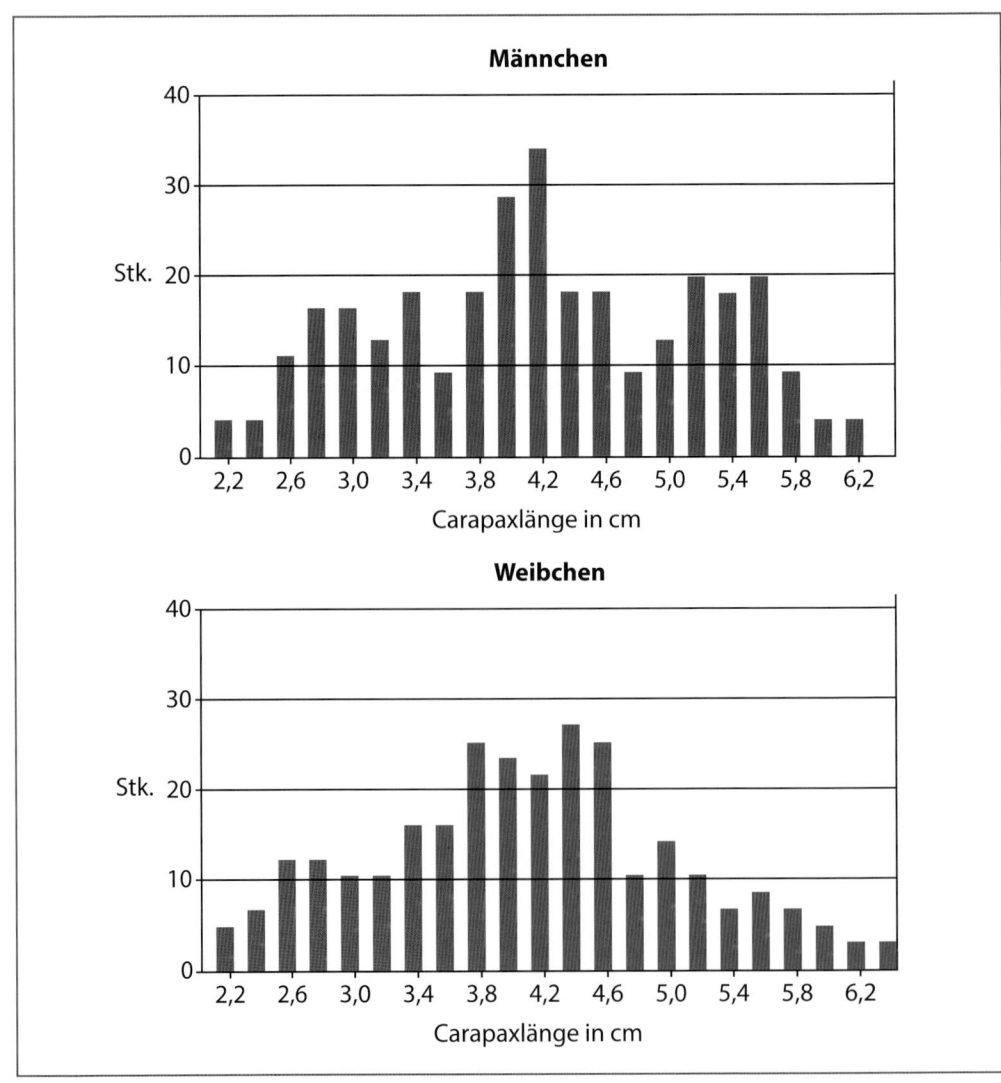

## Auswertung

Vorausgeschickt sei, dass die Carapaxlänge x 2 in etwa der gesamten Körperlänge entspricht. Bei der Betrachtung des Diagrammes der Männchen springen die Jahrgangsgrößen doch relativ deutlich ins Auge. Da keine Sömmerlinge gefangen wurden (trübes Wasser), ist die erste Erhebung den Zweisömmrigen zuzuordnen. Hier ergibt sich die erste Unsicherheit beim Einbruch bei 3,2 cm mit dem neuerlichen Anstieg bei 3,4 cm. Vom Größenverhältnis ausgehend, müssten die Zweisömmrigen bis 3,6 cm reichen. Bei Durchsicht der 1-mm-Auswertung wurde ein einzelner Abfall bei 3,3 cm festgestellt, der diesen Durchhänger in der Statistik verursachte.

Ein einzelner Millimeterbereich kann jedoch nicht als Jahrgangsgrenze bewertet werden. Die zweisömmrigen Krebse sind also bis 3,6 cm Carapaxlänge zu rechnen. Die Dreisömmrigen heben sich sehr deutlich im Bereich von 3,6–4,8 cm heraus. Der verwertbare Rest bleibt den Viersömmrigen und kleineren älteren Krebsen. Sehr deutlich zeigt sich der rasche Abfall der Stückzahlen ab 5,6 cm, der in der starken Befischung großer Speisekrebse seine Ursache hat.

Die im Verhältnis große Zahl zweisömmriger Krebse lässt auf ein gutes Reproduktionsvermögen des Bestandes schließen. Die durchschnittlichen Größen der einzelnen Jahrgänge lassen jedoch zu wünschen übrig. Dies zeigt sich sehr deutlich bei den Weibchen, wo die einzelnen Jahrgänge in der 2-mm-Auswertung kaum voneinander zu unterscheiden sind. In gutwüchsigen Beständen muss diese Trennung deutlich hervortreten. Bei den Weibchen ist der Bereich der Zweisömmrigen bis ca. 3,0 cm Carapaxlänge einzuordnen. Die Grenze zwischen Drei- und Viersömmrigen ist wieder nur anhand der 1-mm-Auswertung bei 3,6 cm festzusetzen. Die Fünf-, Sechs- und Siebensömmrigen sind relativ leicht auszumachen. Bemerkenswert ist der im Vergleich zu den Männchen sanfte Abfall der Stückzahlen, da die Befischung wegen mangelnder Größe hier keinen Einfluss nimmt.

Im Gesamten gesehen, ist der Krebsbestand im Verhältnis zum Nahrungsaufkommen zu dicht, wenn Männchen erst im fünften Jahr das gesetzliche Brittelmaß und Weibchen erst im sechsten Jahr 10 cm erreichen.

## Beispiel 2
**Längenfrequenzdiagramm: Steinkrebse im Brettlbach (25.09.1999)**

Bei genauer Betrachtung der Längenfrequenzdiagramme (S. 86) lassen sich folgende Aussagen treffen:

- Das Wachstum ist für Steinkrebse als sehr gut zu bezeichnen. Die Maximalgrößen von ca. 11 cm TL bei den Männchen und 9 cm bei den Weibchen liegen in den obersten Bereichen für diese Krebsart.
- Bei der Einteilung der Altersklassen erweisen sich die jeweiligen Einzelfänge von 18 mm CL (= 36 mm TL) und 16 mm CL (= 32 mm TL) als äußerst hilfreich. Da Steinkrebse der Altersklasse 0+ diese Größe in Freigewässern nicht erreichen können, muss es sich zwangsläufig um zweisömmrige Tiere handeln. Daraus ergibt sich folgende Altersklasseneinteilung:
  - 2-sömmrig: m + w = ca. 14–18 mm CL
  - 3-sömmrig: m = 24–32 mm CL; w = 20–28 mm CL
  - 4-sömmrig: m = 32–40 mm CL; w = 28–36 mm CL
  - 5-sömmrig und älter: alle darüber liegenden

- Die Reproduktion ist stark, wie die Rekrutierung der drei- und viersömmrigen Krebse zeigt. Untere Jahrgänge werden naturgemäß im Fang unterrepräsentiert sein.

**Auswertung in g/mm CL**

Bei Erreichen der Geschlechtsreife bilden die Männchen als sekundäres Geschlechtsmerkmal deutlich größere Scheren aus als die Weibchen und sind ab diesem Zeitpunkt schwerer als Weibchen mit gleicher Länge. Dieser Zeitpunkt lässt sich durch eine Gegenüberstellung des Gewichtes in g je Größenklasse bestimmen. Dazu ist es jedoch notwendig, alle Tiere (Männchen und Weibchen) mit Scherenverlusten aus der Wertung zu nehmen.

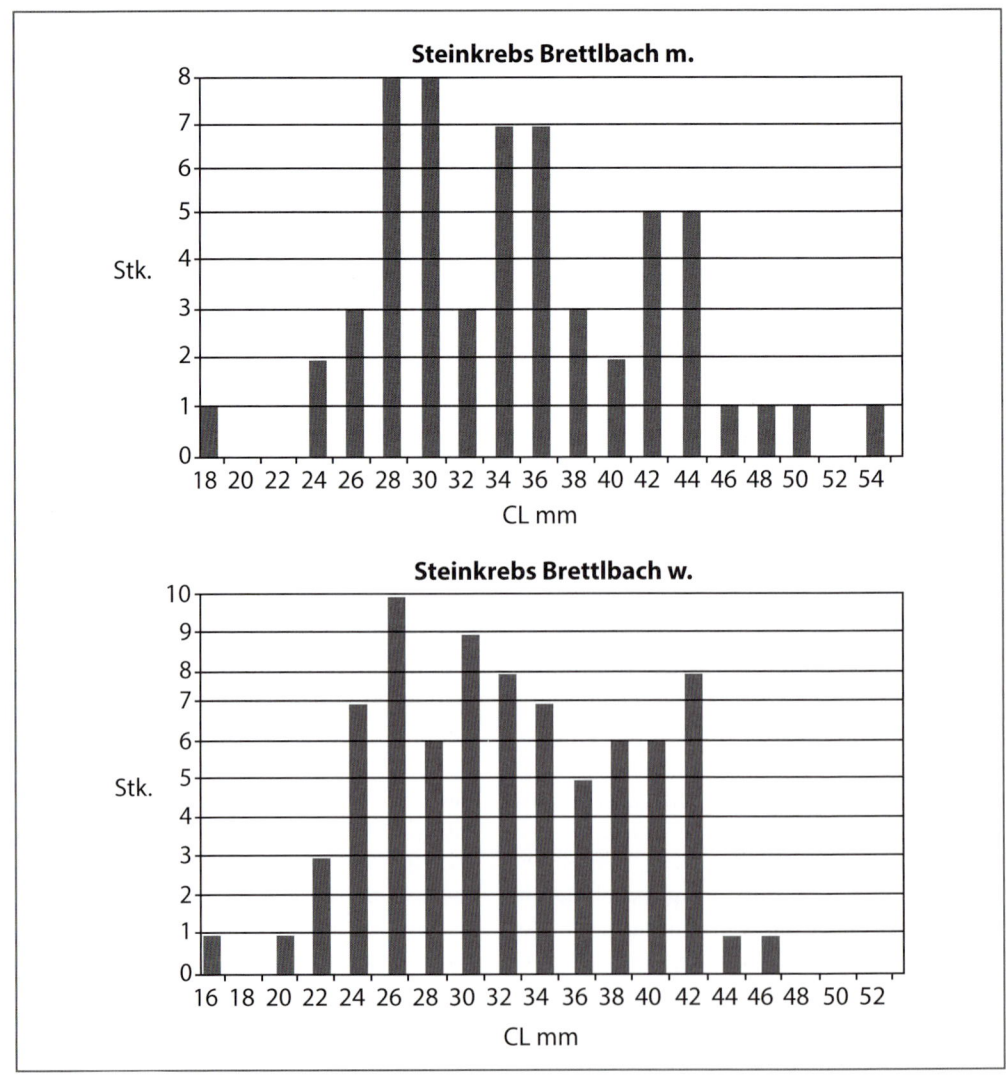

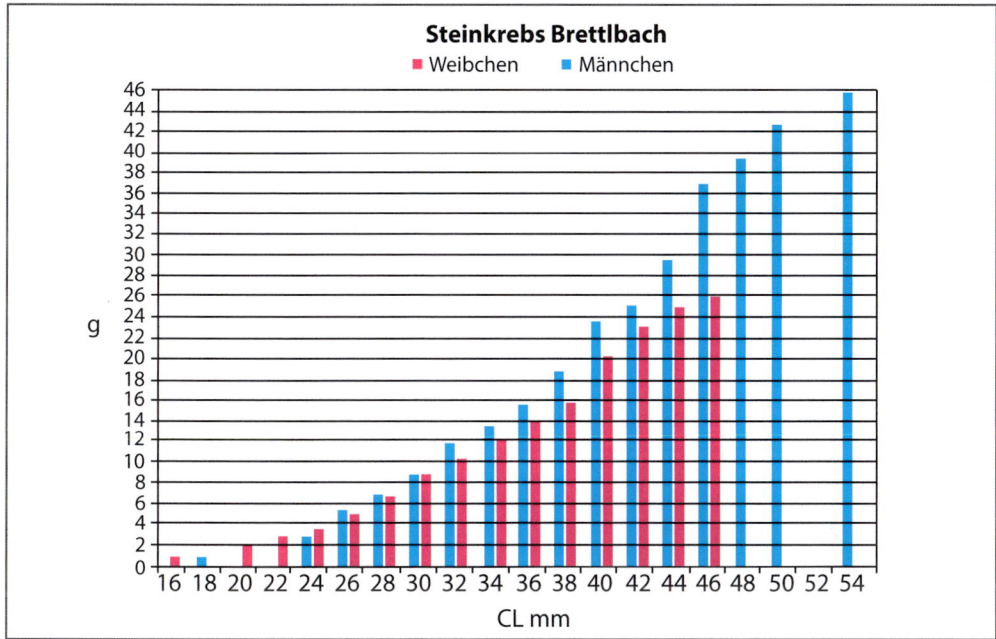

Gewichtsdifferenz zwischen Weibchen und Männchen bei gleicher Größe

Im gegenständlichen Fall zeigt uns das Diagramm ab 32 mm CL einen deutlichen Gewichtsunterschied. In Verbindung mit der oben getroffenen Altersklasseneinteilung geht hervor, dass die Männchen im vierten Sommer die Geschlechtsreife erlangen.

Die Bestandesdichte ist als äußerst hoch einzuschätzen, da auf einer Fläche von nur 11 m² 137 Individuen gefangen wurden.

## Quantitative Bestandeserfassung (Populationsdichte)

Die Erfassung der Populationsdichte dient dazu, einen quantitativen Überblick über den Krebsbestand zu erhalten. Es soll festgestellt werden, wie viele Krebse pro Laufmeter Ufer in Fließgewässern oder pro Quadratmeter Fläche in Teichen und Seen leben und wie hoch die Gesamtzahl der Tiere im ganzen Gewässer ist. Nur in kleineren Gewässern oder Teichen lässt sich der gesamte Bereich entsprechend befischen. Bei größeren Gewässern ist ein repräsentativer Abschnitt auszuwählen.

Der erste Arbeitsgang zur Populationsdichteerfassung wird gleichzeitig mit der Feststellung der Größenverteilung durchgeführt. Die gefangenen und vermessenen Krebse werden markiert und ins Gewässer zurückgesetzt.

Zur **Markierung** eignen sich grundsätzlich zwei Methoden:
- Die Stanzung eines Gliedes des Schwanzfächers ist auch nach mehreren Häutungen noch erkennbar;
- die Markierung mittels wasserfesten Lackstiftes am Rückenpanzer ist schonender, mindestens zwei Wochen lang erkennbar, aber nach einer Häutung verloren.

Markierung mit wasserfestem Lackstift

Markierung mit Kerbzange an den Uropoden

Der Zeitpunkt der Aktion sollte so gesetzt sein, dass zumindest die größeren Krebse in nächster Zeit keine Häutungsaktion vorbereiten. Am günstigsten scheint Anfang bis Mitte August zu sein. Im Abstand von je einer Woche sind zwei bis drei Kontrollbefischungen in der gleichen Intensität wie die Aufnahmebefischung durchzuführen. Dabei sind geschlechtergetrennt die Fänge von markierten und unmarkierten Krebsen zu notieren. Bei einer einmaligen Folgebefischung ist die Fehlerquote relativ hoch. Zur Berechnung der Gesamtkrebszahl der kontrollierten Strecke oder Fläche setzt man die erhobenen Daten in folgende Formel:

$$N = \frac{\text{markierte Krebse} \times 100}{\text{Prozentanteil d. mark. Krebse am gesamten Kontrollfang}}$$

Die Zahl wird für jedes Geschlecht separat berechnet. Es wurden z. B. 150 Männchen und 135 Weibchen markiert und zurückgesetzt. Bei den zwei in Wochenabständen durchgeführten Kontrollbefischungen betrug der Anteil der wiedergefangenen markierten Männchen 28 %, jener der Weibchen 27 %.

$$\text{Männchen: } N = \frac{150 \times 100}{28} = 536$$

$$\text{Weibchen: } N = \frac{135 \times 100}{27} = 500$$

Aussagekräftig sind diese Zahlen jedoch nur für Krebse ab dem dritten Lebensjahr, da bei jüngeren Tieren die deutlich geringere Fangbarkeit zu Verzerrungen führt. Bei ausreichender Zahl an Jungkrebsen sind diese separat zu berechnen! Am besten legt man bei der Markierung und der Kontrollfangaufnahme zusätzliche, mit freiem Auge wahrnehmbare Kriterien fest, die auch getrennt auszuwerten sind. So ist die Unterscheidung in Sömmerlinge (bis 3 oder 4 cm), Zweisömmrige (bis ca. 7 cm), Geschlechtsreife (8–12 cm) und Speisekrebse (12 cm und mehr) bei einiger Übung keine Wissenschaft. Voraussetzung ist ein ausreichender Fang an Krebsen. In den meisten Fällen werden die Sömmerlinge durch zu geringe Stückzahlen nicht zu berechnen sein.

Mithilfe der erhobenen Größenverteilung und dem Verhältnis der befischten Fläche zum gesamten Gewässer lassen sich nun Stückzahl und Masse der einzelnen Altersgruppen schätzen. Bei Seen ist jedoch nur jene Fläche heranzuziehen, die von den Krebsen auch besiedelt und genutzt wird.

**Beispiel Kajabach, NP Thayatal**
**Bestandberechnung Höhle Kajabach**
(Länge: 50 m, Breite: 2 m)

|  | Männchen | Weibchen |
|---|---|---|
| markiert (Erstfang): | 23 | 21 |
| Kontrollfang: | 26 | 27 |
| mark. Wiederfang: | 7 | 7 |
|  | $\frac{2300}{26{,}92}$ | $\frac{2100}{25{,}93}$ |
| Bestand Stk: | 85 | 81 |
| g/Stk: | 16,1 | 12,3 |
| Biomasse: | 1375 g | 996 g |
| Stk/ha: | 8543 | 8100 |
| kg/ha: | 137,54 | 99,63 |
| **Gesamt: 16643 Stk/ha   237,17 kg/ha** | | |

In **sehr großen und unterschiedlich strukturierten Gewässern** (große Flüsse, Seen) ist das Ergebnis des bearbeiteten Bereiches natürlich nicht auf die gesamte Fläche übertragbar. In diesem Fall ist eine sehr **differenzierte Vorgangsweise** notwendig:
- Strukturkartierung des gesamten Gewässerbereiches (z. B. Blockwürfe, Totholzbereiche, Flachwasserzonen, Schilfflächen etc.) in Bezug auf ihre „Krebstauglichkeit"
- Bearbeitung eines (für Krebse) gut strukturierten Abschnittes mittels Markierung und Wiederfang
- Berechnung von Abundanz und Biomasse für diesen Bereich (Referenzbereich)
- Gleichzeitige Befischung des Referenzbereiches und jedes beliebigen Strukturbereiches mit Reusen (Reusenabstände mindestens 15 m)

- Aus dem Verhältnis des CPUE (Fangerfolg pro eingesetzter Reuse) zwischen dem Referenzbereich und dem neuen Bereich lassen sich dessen Abundanz und Biomasse errechnen.

**Beispiel:**

|  | Zahl der Reusen | Fang Indiv. | Fang g | CPUE Indiv. | CPUE g |
|---|---|---|---|---|---|
| Referenzbereich (RB) | 10 | 178 | 9612 | 17,8 | 961,2 |
| Strukturbereich A (Flachufer mit Totholz) | 10 | 111 | 4662 | 11,1 | 466,2 |
| % von RB |  |  |  | 62,36 | 48,50 |

| Biomasse RB (bekannt) | 563 kg/ha |
|---|---|
| Abundanz RB (bekannt) | 15639 Ind./ha |
| Biomasse Bereich A 48,5 % v. RB | 273 kg/ha |
| Abundanz Bereich A 62,36 % v. RB | 9752 Ind./ha |

# BEWIRTSCHAFTUNG

## NUTZUNGSPLAN

Die Bestandesanalyse, bestehend aus Größenverteilung und Populationsdichte, gibt also Aufschluss über Quantität und Qualität des Krebsbestandes. Aufgrund dieser beiden Kriterien ist nun ein Nutzungsplan zu erstellen, der Fortbestand, entsprechendes Wachstum und Wirtschaftlichkeit des Krebsbestandes sichert bzw. wiederherstellt. Im Nutzungsplan sind folgende Daten einzutragen:
- die Bestandesanalyse,
- die veranschlagte Entnahmemenge je Größe und Geschlecht,
- gewässerinterne Brittelmaße und Schonzeiten sowie
- die begleitenden Maßnahmen (z. B. krebsdienliche Eingriffe in den Fischbestand)

Zusätzlich sind jährlich die neueste Größenverteilungsanalyse und die tatsächlich entnommenen Krebsmengen einzutragen.

### Entnahmemenge

Die Entnahmemenge richtet sich üblicherweise nach dem jährlichen Zuwachs. Unter Voraussetzung eines gut strukturierten und gleichbleibenden Größenverhältnisses (selten!) ist die Berechnung relativ einfach:

> Anzahl der im nächsten Jahr die Speisekrebsgröße erreichenden Tiere minus 10 % natürlicher Ausfall mal dem durchschnittlichen Gewicht dieser Krebse zum Zeitpunkt der Entnahme.

Diese Menge kann, verteilt auf alle Jahrgänge, die über dem Brittelmaß liegen, entnommen werden. Bei zu dünnen Beständen und schlechter Altersklassenverteilung ist entsprechend weniger zu nutzen; bei sehr dichten Beständen ist zusätzlich in den Jugendklassen und bei den Weibchen massiv einzugreifen (nur mit Ausnahmegenehmigung der Behörde!), um die Übervermehrung in den Griff zu kriegen und wachstumsfördernde Bedingungen zu schaffen.

Die Entnahmemenge ist gegebenenfalls jährlich anhand der aktuellen Größenverteilung zu korrigieren.

### Brittelmaß und Schonzeit
**Edelkrebs**

Bei der Nutzung von Krebsbeständen nur die gesetzlichen Vorschriften einzuhalten, ist zu wenig. Eine **undifferenzierte Entnahme** aller gefangenen Männchen über dem gesetzlichen Brittelmaß führt unweigerlich zu **Schwierigkeiten**.

- Erstens sind große Männchen (150 g und darüber) durch Kannibalismus ein bedeutender Regulator der Weibchen und des Nachwuchses. In Beständen, die zu hoher Dichte neigen, beschleunigt ein Fehlen dieser Riesen die durch Nahrungsmangel bedingte Verbuttung.
- Zweitens findet durch die undifferenzierte Entnahme auf längere Sicht eine negative Auslese statt, da die Vorwüchser der Bestände oft vor ihrer ersten Paarungszeit im Kochtopf landen, während die kleinwüchsigen Nachzügler oft drei bis vier Mal an der Fortpflanzung teilnehmen.

Es gibt zwei Möglichkeiten, dies zu verhindern:
- Die Einführung eines Zwischenbrittelmaßes, wie es auch in der Angelfischerei diskutiert wird, sichert das Vorkommen von großen Krebsen und deren Fortpflanzung. Wenn das gesetzliche Brittelmaß z. B. 12 cm Körperlänge bei Männchen vorschreibt, so kann man eine Schonung von 14–16 oder 15–17 cm Körperlänge ansetzen.
- Der einfachere Weg ist, sofern man den Bestand selbst bewirtschaftet, 20 % jeder Größenklasse nach der Fangaktion wieder zurückzusetzen.

Problematischer ist die Sachlage bei den **Weibchen**. Sie sind in den meisten Bundesländern entweder gänzlich geschont oder mit einem so hohen Brittelmaß (15 cm) versehen, dass es einer Vollschonung gleichkommt. Dies hat in vielen Gewässern mit dünnen Krebsbeständen seine Berechtigung, obwohl zur Verbesserung des Populationszustandes Änderungen der fischereilichen und gewässerbaulichen Maßnahmen weit erfolgversprechender sind. Zu dichte Bestände sind unter Beibehaltung der gesetzlichen Maße jedoch in keinem Fall in den Griff zu bekommen. Um die Vermehrungsrate zu reduzieren, bedarf es ganz massiver Eingriffe bei den Weibchen aller Größen und den fangbaren Jungkrebsen. Um die in diesem Falle notwendige Ausnahmebewilligung der Behörde zu erlangen, ist eine Bestandesanalyse mit Nutzungsplan von unschätzbarem Vorteil. Die gesetzlichen Schonzeiten sind ohnehin so gesetzt, dass ein wirtschaftlicher Krebsfang zu dieser Zeit nicht möglich ist.

**HINWEIS!** Begleitende Maßnahmen

Unter begleitende Maßnahmen fallen z. B. Strukturverbesserungen im Gewässer und fischereiliche Maßnahmen. Bei den fischereilichen Maßnahmen muss nicht zwangsläufig eine Reduktion des Fischbestandes gemeint sein. Man kann leicht kontrollierbare Fischarten (z. B. Forellen) auch zur Reduzierung überhöhter Krebsbestände einsetzen. Allerdings ist eine laufende Kontrolle unerlässlich.

## Signalkrebs

Der Signalkrebs hat in den meisten Bundesländern weder Schonzeit noch Brittelmaß. Die Bewirtschaftung der teils enormen Bestände in der Traun, der Drau und auch der Donau hat in geringem Umfang bereits begonnen und wird stark zunehmen.

**Beispiel**
Welche wirtschaftlichen Ausmaße bei einer koordinierten Nutzung und Vermarktung möglich sind, möchte ich nur an einem Beispiel darstellen. Der Völkermarkter Stausee an der Drau in Kärnten besitzt eine Fläche von rund 1000 ha und ist durchgehend mit einem sehr starken Signalkrebs-

bestand besiedelt. Da am Stausee elf verschiedene Fischereirechte existieren, wird derzeit nur von einzelnen Bewirtschaftern eine extensive Nutzung betrieben.

Gehen wir nun von einem eher geringen, von skandinavischen Verhältnissen ausgehenden Fangertrag von 30 kg/ha und Jahr aus, wären alleine in diesem Stausee jährlich rund 30 t Speisekrebse zu erzielen. Bei einem eher gering angesetzten Durchschnittspreis von € 15,00 pro Kilogramm ergibt sich ein Umsatz, der jenen der Angelfischerei bei weitem übertrifft.

Natürlich wäre dazu ein koordinierter Fang sowie eine gemeinsame Hälterung und Vermarktung unerlässlich. Über kurz oder lang wird es da und dort zu diesen Bewirtschaftungsmethoden kommen, und damit der Signalkrebs auf dem Markt sehr häufig werden. Damit ist aber auch das Preisgefüge langfristig in Frage zu stellen.

Um die Veränderungen in einem bewirtschafteten Krebsbestand rechtzeitig erkennen zu können, gibt es eine relativ einfache Methode. Bei jeder Fangaktion werden die Anzahl und das Gesamtgewicht der pro Reuse gefangenen Krebse genommen und aufgezeichnet. Damit kann ich für die Fangsaison einen sogenannten CPUE (catch per unit effort) errechnen, der anzeigt, wie viele Tiere mit welchem Durchschnittsgewicht in einer Reuse pro Nacht gefangen wurden. Anhand der Veränderungen des CPUE kann ich auf Veränderungen im Krebsbestand schließen.

> **Beispiel**
> In der ersten Saison habe ich pro Reuse und Fangnacht durchschnittlich 15 Krebse mit einem Gesamtgewicht von 900 g gefangen. Zwei Saisonen später beträgt der CPUE 25 Tiere und 1000 g. Spätestens jetzt müssen sämtliche Alarmglocken läuten! Es wurden deutlich mehr Krebse mit einem deutlich geringeren Einzelgewicht gefangen. Das deutet ganz massiv auf eine nahrungsmangelbedingte Verbuttung hin!

Für jeden einzelnen Bestand wird man im Laufe der Zeit eine spezielle Bewirtschaftungsform finden, wenn man die Auswirkungen der Maßnahmen an der Bestandesanalyse ablesen kann. Es gibt aufgrund der Vielzahl einwirkender Kriterien kein Patentrezept, welches für alle Krebspopulationen gleiche Gültigkeit hat. Man rechnet aber bei etablierten, gut strukturierten Beständen in geeigneten Gewässern mit dauerhaften Speisekrebserträgen von 30–50 kg je ha.

## FANG DER KREBSE

Wie bereits angeführt, eignet sich zur wirtschaftlichen Nutzung größerer Krebsbestände nur die Reuse, die in großer Anzahl ausgelegt werden kann und keiner laufenden nächtlichen Kontrolle bedarf. Die Anzahl der Reusen richtet sich nach der Größe des Gewässers. Mit zwei oder drei Stück kann vielleicht der Tümpel eines Baches ausreichend befischt werden, aber schon bei einem Teich mit 500 m$^2$ müssten sie die gesamte Fangsaison zum Einsatz kommen. Bei einer durchdachten Bewirtschaftung wird sich der Krebsfang auf die beste Fangzeit beschränken und mit allen zur Verfügung stehenden Mitteln durchgeführt werden. Der Einsatz von 20–50 Reusen je zu befischendem Abschnitt ermöglicht ein rationelles Arbeiten und ein entsprechen-

## Fang der Krebse

Krebsfang mit der Reuse

des Fangergebnis. Jeder einzelne Abschnitt wird so lange befischt, bis eine deutliche Abnahme der Speisekrebsfänge erkennbar ist. Dann erfolgt die Verlegung der Reusen in den nächsten Gewässerbereich. Bei sehr großen Gewässern ist die gleichzeitige Bearbeitung mehrerer Bereiche notwendig.

Das Auslegen der Reusen kann schon am Nachmittag beginnen, da der Köder über zwölf Stunden relativ fängig bleibt. Man setzt die Fanggeräte im Abstand von 10–15 m; eines tiefer und das nächste höher. Wenn man vom Ufer aus arbeitet, befestigt man die Reusenschnüre an Bäumen, Stöcken oder Steinen. Vor allem beim Einsatz vieler Reusen sind Notizen über die Befestigungsstellen zu machen, um am nächsten Morgen alle wiederzufinden. Bei stehenden Gewässern mit breiter Uferbank oder dichtem Ufergehölz ist der Einsatz eines Bootes von Vorteil. In diesem Fall wird an der Reusenschnur eine kleine Boje befestigt oder es werden, bei Kenntnis des Gewässerbodens, die Reusen in Gruppen zu zehn bis 20 Stück miteinander verbunden (Länge der Leine zwischen zwei Reusen ca. 10 m) und nur bei der ersten Reuse wird eine Boje gesetzt.

Das Ausheben muss bei heißem, sonnigem Wetter am frühen Morgen erfolgen, da die entnommenen Krebse nicht zu lange der Sonne ausgesetzt sein dürfen. Zu kleine Tiere werden direkt von der Reuse wieder zurückgesetzt, damit sie ihre angestammten Verstecke wieder aufsuchen können. Bei guten Fängen kann die Reuse neu beködert und an derselben Stelle wieder ausgelegt werden. Die Fängigkeit leidet zwar etwas, da der Köder am Abend schon leicht ausgelaugt ist, aber es ermöglicht rationelleres Arbeiten. Nach Abschluss der Aktion sind die entnommenen Krebse so schnell wie möglich in die Hälterung zu bringen.

# KREBSZUCHT

Im Rahmen der Krebswirtschaft von Zucht zu sprechen, ist vielleicht etwas vermessen. Sowohl bei den Methoden der Besatzkrebsproduktion als auch jenen der Speisekrebsaufzucht fehlen meist jene Merkmale, die für die Bezeichnung „Zucht" typisch sind: Selektion nach festgelegten Kriterien im Rahmen einer intensiven Tierhaltung. Bereits bei der Bezeichnung „intensiv" scheitern die Bemühungen, da in der Krebszucht eine semiintensive Bewirtschaftungsform unter Einbeziehung der natürlichen Ansprüche und Voraussetzungen praktiziert wird.

Entsprechende Dichthaltungsmethoden sind in Erprobung, scheitern aber meist an der geringen Überlebensrate der Krebse und ebensolchem Gewichtszuwachs. Einer der Gründe ist das Fehlen eines geeigneten Trockenfuttermittels. Daher werden in den kommenden Kapiteln nur die erprobten Strategien näher beschrieben, es wird aber davon Abstand genommen, Träumereien und Visionen einen ihnen noch nicht zustehenden Platz einzuräumen. Auch möchte ich Ihnen, werter Leser, anraten, besonders beim Edelkrebs keine Kompromisse einzugehen, da bei Nichterfüllung auch nur einer Voraussetzung nicht nur Ihre Hoffnung, sondern auch Ihr investiertes Kapital ernsthaft gefährdet ist.

## VORAUSSETZUNGEN

### Der „Krebszüchter"

Die wichtigste Vorbedingung liegt in der Natur des Menschen. Ein großes Maß an Geduld und gute Nerven sind ebenso unerlässlich wie eine gewisse Risikobereitschaft und die bereits in der Einleitung angesprochene Demut gegenüber Schicksalsschlägen. Krebszucht ist nichts für Pedanten, Rechenkünstler und Statistiker, aber genauso wenig für Schlampige, Unzuverlässige und Träumer. Eine Mischung aus Improvisation und Genauigkeit, aus Beobachtungsgabe, Logik und der Fähigkeit, aus Fehlern zu lernen, ergeben die Persönlichkeit des potentiellen Krebszüchters.

### Klima

Die klimatischen Bedingungen sind nicht von erstrangiger Bedeutung. Natürlich muss einem bewusst sein, dass die Wachstumsperiode der Krebse auf 1000 m Seehöhe in den Alpen, mit langen Wintern und kühlen Sommern, trotz Anwendung aller Tricks um mindestens ein Drittel verkürzt ist. Bei ausreichend Frischwasser wird von den durchschnittlichen Lufttemperaturen in unseren Breiten nach oben keine Grenze gesetzt. Wichtig ist, über einen möglichst langen Zeitraum des Jahres die optimale Wassertemperatur halten zu können.

## Wasser

Neben den Krebsen selbst ist das zur Verfügung stehende Wasser von höchster Bedeutung. Von vornherein auszuschließen ist der Gedanke an eine Krebszucht beim Fehlen von Quell- oder Grundwasser. Die Verwendung von Wasser aus größeren fließenden oder stehenden Gewässern birgt ein unabschätzbares Risiko!

Die benötigte Menge ist verhältnismäßig gering, da in der Besatzkrebsproduktion im Kreislauf gefahren und bei der Speisekrebszucht im Gegensatz zur Forellenproduktion mit weit geringeren Dichten gearbeitet wird.

Die Qualität des Wassers spielt eine bedeutende Rolle. **pH-Werte zwischen 7 und 8**, **Sauerstoffsättigung** und **Nitratfreiheit** sind beste Voraussetzungen. Eine geringe bis mäßige Belastung mit Phosphaten kann toleriert werden, ja sogar vorteilhaft sein, da die Grundproduktion eines Gewässers vom limitierenden Faktor Phosphat abhängt. Diese Grundproduktion spielt in der Krebszucht noch eine deutliche Rolle. Zu verhindern ist ein starker Eintrag von Oberflächenwasser, da dieses in seiner chemischen Zusammensetzung nicht immer abschätzbar ist (z. B. Düngung von Nachbarwiesen, Straßenschmutz etc.).

## Teiche, Anlagen

Bereits vorhandene Teiche und Zuchtanlagen sind oftmals mit geringem Aufwand für die Krebszucht zu adaptieren. Voraussetzung ist aber ein längerfristiges Trockenlegen und Desinfizieren, um möglicherweise vorhandene Krankheitserreger auszuschalten. Eventuell vorhandene Krebse sind zu bestimmen und, wenn es sich um eine europäische Art handelt, einem Krebspesttest zu unterziehen. Beim Vorhandensein amerikanischer Arten ist eine Zucht der europäischen auszuschließen.

Dohlenkrebs

Bei der Errichtung neuer Anlagen und Teiche ist auf den Schutz des Geländes gegen Überschwemmung und sonstige Wassereinbrüche und einen mäßigen bis guten Sonneneinfall zu achten. Die Ausführung und Adaptierung wird in den entsprechenden Kapiteln näher behandelt.

## Krebse

Die Auswahl des Krebsstammes, der zur Zucht herangezogen werden soll, orientiert sich an den jeweiligen Bedürfnissen. Grundsätzlich sind **drei Kriterien** zu erfüllen:
- Gesundheit
- Großwüchsigkeit
- Vermehrungsfreudigkeit

Tiere aus Zuchtanstalten sind jenen aus Wildbeständen meist vorzuziehen, da sie meist bereits einer Selektion unterzogen wurden und mit hoher Wahrscheinlichkeit krebspestfrei sind. Um im eigenen Gewässer vorhandene Bestände zu stärken, sind bei der Zucht von Besatzkrebsen selbstverständlich Krebse aus diesen Vorkommen heranzuziehen. Zum wiederholten Male sei davor gewarnt, Krebse aus dem Fisch- oder Aquariumhandel zu verwenden! Diese sind für Zucht- und Besatzzwecke absolut untauglich, da sie überwiegend pestinfiziert sind. Auch heimische Krebse ungewisser Herkunft bergen enormes Risiko.

**WICHTIG!** Krebspesttest

Es gibt eine relativ einfache Methode, Krebse selbst auf eine Infektion mit *Aphanomyces astaci* zu untersuchen. Die zu testenden Tiere werden in einem Becken in hoher Dichte (mind. 50/m²) bei hohen Wassertemperaturen gehalten und gefüttert. Bei einer Infektion kommt es spätestens bei der nächsten Häutung zum Ausbruch der Krankheit. Überlebt ein Großteil der Krebse diese Häutung wohlbehalten, so ist Pestfreiheit anzunehmen. Dieser Test ist natürlich gut geschützt abseits der Zuchtanlage durchzuführen. Tote Krebse sind zu verbrennen, um eine Ansteckung zu verhindern.

# BESATZKREBSZUCHT

## Geeignete Krebsarten

Zur Besatzkrebsproduktion eignen sich alle heimischen Krebse. Besatztiere fremder Arten sind durch das Besatzverbot in Freigewässern nahezu unverkäuflich und auch für eigene Gewässer aus verständlichen Gründen nicht anzuraten.

Die Besatzkrebsproduktion beschränkt sich aus wirtschaftlichen Gründen auf Brütlinge und Sömmerlinge. Größere Tiere fallen bei der Elterntierhaltung und der Speisekrebszucht an.

### Edelkrebs

Beim einzigen großwüchsigen heimischen Krebs ist die Nachfrage betreffend Besatztiere relativ groß. Die Zuchttiere sind in geeigneten Teichen leicht zu halten und der Nachwuchs lässt sich ohne größere Probleme aufziehen.

### Steinkrebs

Im Rahmen von Artenschutzprogrammen und sonstiger ökologischer Maßnahmen kommt auch der Steinkrebs in Frage. Die Zuchttiere halten sich in speziell struktu-

Steinkrebs

rierten Teichen gut, obwohl die Entnahme eiertragender Weibchen aus starken Wildbeständen vorzuziehen ist, wobei die Tiere nach dem Schlupf der Jungen zurückzusetzen sind. Die jungen Steinkrebse zeigen in der Aufzucht ein erstaunliches Wachstum und eine gute Überlebensrate.

## Dohlenkrebs
Für den Dohlenkrebs gelten dieselben Voraussetzungen wie für den Steinkrebs.

## Anlage
Zur Besatzkrebszucht benötigt man neben der Aufzuchtanlage selbst einen, besser mehrere Elterntierteiche.

## Elterntierteiche
Am besten geeignet sind Teiche mit einer Größe von **300–2.000 m² Fläche** und einer **Tiefe von mindestens 1 m**. Je mehr Uferlänge man im Verhältnis zur Fläche hat, desto mehr Unterschlupf kann man den Krebsen bieten. In langen, schmalen Teichen ist eine höhere Krebsdichte pro Flächeneinheit möglich als in quadratischen. Die Uferböschungen sind mit Bruchziegeln, Steinen, Dachplatten etc. zu belegen, um zusätzliche Versteckmöglichkeiten zu schaffen. Diese dürfen jedoch nicht bis in den Ablaufgraben oder Teichboden reichen, da die Krebse sonst in diesem Bereich beim Ablassen in ihren Verstecken bleiben und dem abfließenden Wasser nicht nachgehen.

Am besten abzufischen sind Teiche mit Ablaufgräben an jeder Böschungsseite und bombiertem Boden (siehe Grafik S. 98). Die Dimension von Ablaufbauwerk (Mönch) und -rohr ist so zu wählen, dass ein rasches Ablassen des Teiches gewährleistet ist.

## Aufzuchtanlage
Da, wie bereits erwähnt wurde, die **Aufzuchtanlage im Kreislaufsystem** betrieben wird, ist der Kernpunkt der Klärteich oder das Klärbecken. Dieser dient zur Reinigung des Wassers auf dem Prinzip der Pflanzenkläranlage, zur Sedimentierung von Schwebstoffen und als Wasserreservoir und Temperaturpuffer für das gesamte System. Vor allem Klärteiche sollten wegen ihrer Anziehungskraft auf Wassertiere aller Arten mit Zaun und Vogelschutznetzen

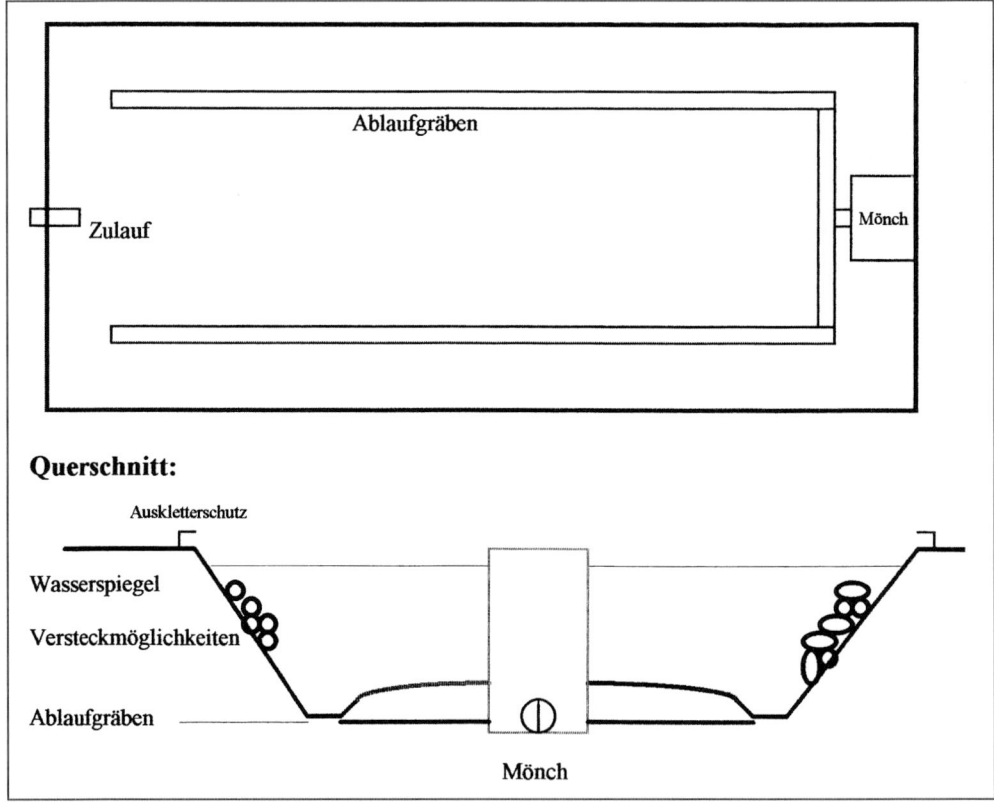

Schema eines Elterntierteiches

geschützt werden, um eine Einschleppung von Krankheiten und Parasiten zu verhindern.

Die **Kläreinheit** muss **mindestens das doppelte Volumen der Aufzuchtbecken** besitzen und darf nicht zu flach angelegt sein. Ein Überlaufrohr führt zum abgedeckten Pumpbecken. Die Verdunkelung dient der Verhinderung von Pflanzen- und Algenwuchs, der sonst zur Verlegung der Pumpensiebe führt. Aus diesem Becken wird das Wasser mit Tauchpumpen in Langstrombecken, wie sie in der Fischzucht üblich sind, geleitet. Polyesterbecken mit ca. 4 m Länge und 70–100 cm Breite sind für diese Zwecke optimal. Betonbecken im selben Ausmaß können ebenso verwendet werden. Der Wasserdurchlauf je Einheit ist mit 10–20 l/Min. ausreichend.

Über ein gut dimensioniertes Ablaufrohr wird der Kreislauf wieder geschlossen. Über eine absperrbare Zuleitung muss die Möglichkeit bestehen, kühles Frischwasser direkt in das Pumpbecken einzuleiten, um Wasserverluste auszugleichen und Sauerstoffmangel und zu hohe Temperaturen zu verhindern. In Gegenden mit rauem Klima oder hohen Niederschlagsmengen ist es vorteilhaft, die Anlage in einem Foliengewächshaus oder einer Halle zu betreiben.

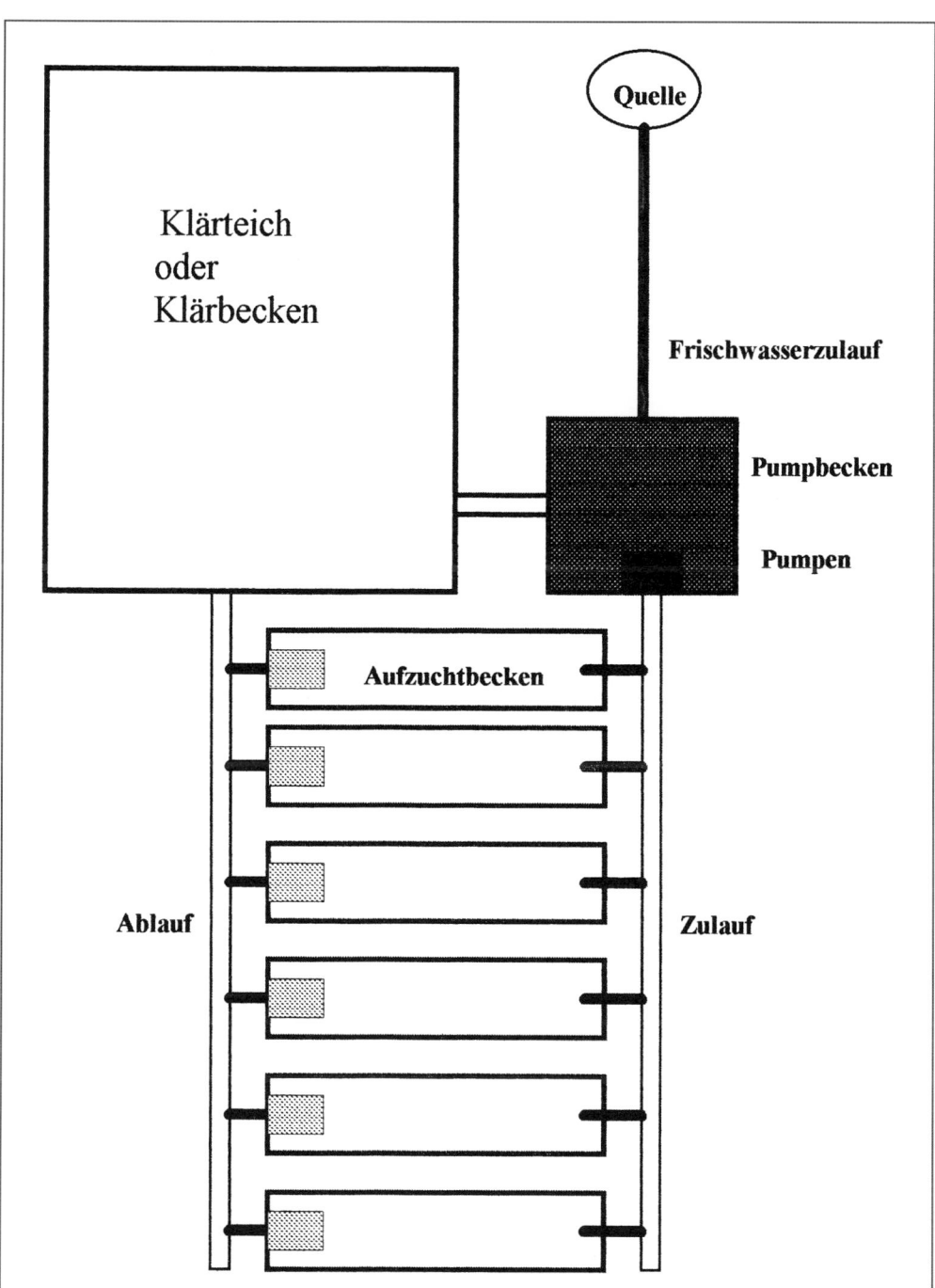

Schema einer Aufzuchtanlage

Ausstattung eines Aufzuchtbeckens

Besatzkrebszuchtanlage in einem Foliengewächshaus

## HINWEIS! Keine Teiche verwenden

Die Aufzucht von Sömmerlingen in Teichen oder Gräben ist unsinnig, da aufgrund der Unkontrollierbarkeit die Verluste weit höher sind, und eine Abfischung mit Sicherheit im Chaos endet, da viele Krebse nicht gefunden oder zertreten werden, sofern sie ihr Versteck überhaupt verlassen.

## Geräte, Werkzeuge

Um die Aufzuchtanlage in Gang zu bringen und zu halten, sind natürlich Pumpen notwendig. Vom wirtschaftlichen Standpunkt und der Handhabung aus gesehen haben sich **Tauchpumpen** am besten bewährt. Mindestens zwei sollten immer im Einsatz sein, um den Durchlauf bei Ausfall einer Pumpe in geringem Umfang aufrechtzuerhalten. Zusätzlich ist eine dritte Pumpe für einen Wechselbetrieb von Vorteil. **Plastikkübel, -wannen und -tassen** jeder Größe sind ebenso notwendig wie **feinmaschige Kescher** und **Aquariumnetze**. **Besen, Bürsten** und **Rechen** dienen zum Säubern der Gitter und zur Entfernung unerwünschter Algen und Pflanzen. Eine **Briefwaage** zur Durchschnittsgewichtsermittlung der kleinen Krebse dient zur Erleichterung beim Abzählen großer Mengen. Auf alle Fälle müssen **Wasserthermometer, Sauerstoff-** und **pH-Wert-Messeinrichtungen** vorhanden sein, um die entsprechenden Parameter laufend kontrollieren zu können. Elektronische Geräte mit Memoryfunktion oder Datenschreiber sind zwar relativ teuer, können aber so manchen Misserfolg verhindern helfen.

## Vorbereitung der Anlage

**Ende März, Anfang April** beginnt man mit den Vorbereitungen für den Betrieb der Anlage. Die Aufzuchtbecken sind zu reinigen und mit mindestens 5–10 l feinkörnigem **Sand** zu beschicken. Danach reiht man auf jeder Seite des Beckens gebrannte Lochziegel (Lochdurchmesser ca. 1 cm) als Versteckmöglichkeiten für die Kleinkrebse ein. Zehn bis 15 Ziegel pro Becken bieten ausreichend Unterschlupfmöglichkeiten. Nun befüllt man, wenn das Klärbecken abgelassen wurde, die gesamte Anlage mit **Frischwasser**. Bei Vorhandensein eines Klärteiches benutzt man dessen Inhalt und lässt die gleiche Menge Frischwasser in diesen einlaufen. Hier ergibt sich neben der Temperaturstabilität der größte Vorteil eines Klärteiches. Sein Wasser birgt bereits alle Grundlagen für eine gute Phyto- und Zooplanktonentwicklung im gesamten System!

Füllt man die gesamte Anlage mit Quell- oder Grundwasser, so ist eine **Impfung mit pflanzlichem und tierischem Plankton** notwendig. Dieses kann mit einem Planktonnetz in einem absolut krebsfreien Teich oder Gewässer gefangen und in die Anlage eingesetzt werden. Fadenalgen einzubringen erweist sich häufig als nicht notwendig, da diese meist innerhalb kurzer Zeit von selbst in ausreichendem Maße auftauchen werden. Zur günstigen Entwicklung des Planktons (v. a. des tierischen) kann eine Düngung des Wassers mit mehreren Litern Jauche vorgenommen werden. Dies muss jedoch einige Zeit, bevor die Muttertiere in die Anlage kommen, geschehen.

Edelkrebssömmerlinge in ihrem Ziegelversteck

Nun werden auch jene **Schnecken** (meist Spitzschlamm-, Teichnapf- und Posthornschnecken) wieder in die Becken gesetzt, die nach der letzten Abfischung im Herbst in Aquarien oder Wannen überwintert wurden. Man kann auch kleine Pflanzentöpfe mit Wasserpest (*Elodea canadensis*) in die Aufzuchtbecken stellen. Auf alle Fälle sind einige größere **Töpfe mit Pflanzen** im Klärbecken unterzubringen, um eine gute Reinigungsleistung zu erzielen. Auch dies erübrigt sich, wenn ein Klärteich zur Verfügung steht.

Nun lässt man die Anlage bei geringem Durchlauf und möglichst hoher Wassertemperatur in Betrieb gehen und bietet so die Möglichkeit, dass bis zum Schlupf der Jungkrebse eine hervorragende Nahrungsbasis entwickelt ist.

## Haltung und Abfischung der Elterntiere

Die vorher beschriebenen Elterntierteiche sind mit geschlechtsreifen Krebsen im Verhältnis 1 : 3 (Männchen : Weibchen) zu besetzen. Um die Gefahr größerer Verluste durch Auswanderung, die bei einem solchen Besatz immer gegeben ist, einzuschränken, können aus Kunststoff, Holz oder Beton Ausklettersicherungen in Form von Überhängen an den Ufern angebracht werden.

**HINWEIS!** Besatzdichte

> Bei gut strukturierten Teichen kann ein Besatz mit zwei Krebsen/m$^2$ durchgeführt werden. Eine zu hohe Dichte wirkt sich negativ auf die Eizahl und den Erbrütungserfolg aus.

Als **Futter** für die Elterntiere muss hauptsächlich die natürliche Nahrungsbasis des Teiches ausreichen; eine Zufütterung mit

Fischstücken, Forellen- und Karpfenfutter sowie Karotten kann in geringem Umfang erfolgen. Wichtig ist, dass die Krebse bis zur Abfischung ungestört bleiben. Zur Kontrolle ist eine nächtliche Begehung des Ufers mit Lampe und Kescher möglich.

Die **Abfischung** erfolgt meist Anfang Mai, vor Beginn der ersten Häutung der Männchen. Der Teich wird zu Beginn der Dämmerung abgesenkt und soll bis in die frühen Morgenstunden abgelassen sein. Zu dieser Zeit sammelt man die eiertragenden Weibchen ein und bringt sie in die Aufzuchtanlage. Ebenfalls entnommen werden sehr große Männchen (wegen Kannibalismus) und ebensolche Weibchen (meist schlechte Bruterfolge). Ist der Teich rasch mit Wasser zu füllen, so können die restlichen Männchen und kleinere Krebse darin verbleiben. An heißen Tagen oder bei geringem Wasserzulauf müssen alle Krebse eingesammelt, gehältert und erst nach teilweiser Auffüllung des Teiches wieder zurückgesetzt werden. Eine zu frühe Abfischung bei noch niedrigen Wassertemperaturen führt meist zu schlechten Ergebnissen, da die Krebse noch zu wenig aktiv sind und nur ungern dem sinkenden Wasserspiegel folgen. Auch ist die Gefahr von Nachtfrost gegeben. Das Einsammeln der Weibchen muss am Vormittag beendet sein, da an warmen Tagen bei starker Sonneneinstrahlung hohe Verluste an Krebsen und Eiern zu erwarten sind.

**HINWEIS!** Entnahme von Weibchen

> Die Entnahme von eiertragenden Weibchen aus Freigewässern ist ein äußerst schwieriges Unterfangen, da sie aufgrund der niedrigen Wassertemperaturen und geringen Nahrungsaufnahme kaum zu fangen sind.

Eine Haltung der befruchteten Weibchen über den Winter in optimal temperiertem Wasser zur Verkürzung der Erbrütungszeit ist zwar möglich und kann zu einem Schlupf der Jungkrebse im März führen, aber Aufwand und Risiko stehen zurzeit in keinem Verhältnis zum Nutzen. Als optimal kann sich diese Methode erweisen, wenn intensive Formen der Speisekrebsproduktion entwickelt und erprobt sind. Für den Besatz von Freigewässern und die semiintensive Speisekrebszucht ist dieser Aufwand jedoch nicht notwendig.

### Erbrütung

Bevor die Weibchen in die Aufzuchtanlage kommen, muss mithilfe der Frischwasserzuleitung die Wassertemperatur auf 15–16 °C gesenkt werden, um einen Temperaturschock zu vermeiden. Die eiertragenden Weibchen werden in der Aufzuchtanlage in sogenannte Brut- oder Laichkisten gesetzt. Diese Kisten aus Holz, Plastik oder Aluminium besitzen einen Lochblechboden und sind in die Aufzuchtbecken eingehängt. Für jedes Weibchen ist eine eigene Versteckmöglichkeit in Form von Drainagerohrstücken vorhanden.

Für jedes Weibchen kann mit einem durchschnittlichen Brutgewinn von 100 Stück gerechnet werden. Zur Sömmerlingsproduktion setzt man jene Anzahl Weibchen in die Brutkiste, die mit 100 multipliziert die Zahl des gewünschten Brutbesatzes im Becken ergibt. Soll zusätzliche Krebsbrut produziert werden, setzt man die Weibchen in höherer Dichte in flache Becken.

**HINWEIS!** Auskletterschutz

> Immer und überall muss darauf geachtet werden, dass die erwachsenen Krebse nicht ausklettern können!

**HINWEIS!** Besatzdichte

Als Besatzdichte zur Sömmerlingsproduktion nimmt man ca. 300 bis 400 Stück Brut pro m² an. Pro m² Becken sind also drei bis vier Weibchen in die Brutkiste zu setzen.

Die Wassertemperatur wird im Laufe einiger Tage auf ca. 18 °C angehoben. Bei Erbrütungstemperaturen über 20 °C steigt die Verpilzung der Eier rapide an. Die Weibchen werden zweimal in der Woche mit Fischstücken und grob gerissenen Karotten gefüttert. Futterreste müssen am nächsten Tag wieder entnommen werden. Zur Kontrolle der Eientwicklung werden stichprobenartig Weibchen entnommen, wobei es wichtig ist, den Schwanz des Krebses mit der Hand zu blockieren, um Eiverluste durch Schwimmbewegungen des Abdomens zu verhindern.

Anfang bis Mitte Juni schlüpfen die Krebslarven aus dem Ei. Diese sind noch nicht selbstständig und noch immer direkt mit ihrer Mutter verbunden. Auch im Aussehen unterscheiden sie sich noch von Brütlingen. Das Kopfbruststück ist im Verhältnis zu Abdomen und Scheren deutlich größer und am Rücken bereits braun gefärbt, während der restliche Körper durchsichtig erscheint.

Zirka eine Woche nach dem Schlupf häuten sich die Larven zum ersten Mal. Die Jungkrebse sind nun voll ausgebildet und selbstständig, suchen jedoch gerne Schutz und Ruhe auf der Mutter. Auf ihren Wanderungen fallen die meisten von ihnen im Laufe der Zeit durch den Lochblechboden in das Aufzuchtbecken. Die auf der Mutter verbleibenden werden durch Schwenken des Weibchens mit gestreckt blockiertem Schwanz im Wasser des Beckens abgewaschen. Zur reinen Brutgewinnung wäscht man diese in einer mit Wasser gefüllten Wanne ab, gießt den Inhalt durch ein Aquariumnetz, zählt 500 Brütlinge heraus und wiegt sie mit der Briefwaage. Nun kann man vom Gewicht auf die Stückzahl rückrechnen und erspart sich die zeitaufwendige Zählerei.

Die Weibchen werden so bald als möglich in den Elterntierteich zurückgesetzt.

### Künstliche Erbrütung

Die künstliche Erbrütung geistert seit langer Zeit durch die entsprechende Fachliteratur. Das Gelingen wurde und wird als herausragende Pioniertat gefeiert und verbreitet und darf anscheinend in keinem Werk über Krebse fehlen. So werde auch ich hier einen kurzen Auszug über die Durchführung weitergeben:

Die Eier werden im Augenpunktstadium ca. zehn Tage vor Schlupf einzeln mit einer Pinzette vom Weibchen abgenommen und in Zugergläser, wie sie zur Erbrütung von Renken und Hechteiern üblich sind, gebracht. Täglich sind die abgestorbenen Eier zu entfernen. Beim Schlupf zur Larve sind zweimal täglich Eihäute und Tote zu entfernen. Die Larven verbleiben weiter in den Gläsern, bis nach der ersten Häutung die Brut entnommen werden kann. Bis zu diesem Zeitpunkt betragen die Verluste ca. 10 %. An den Weibchen ist keine Schädigung nachzuweisen und die Brut unterscheidet sich in keiner Weise von natürlich geborener.

Diese Methode wurde von J. M. CUKERZIS entwickelt, der Jahrzehnte in Litauen hervorragende Arbeit bei der Erforschung von Edelkrebsen und deren Wiederbesiedelung leistete. Leider wird mit seinem Namen meist nur die künstliche Erbrütung verbunden. Diese entspringt jedoch dem Wahn des Menschen, die Natur auch dann zu technisieren und zu industrialisieren, wenn daraus weder dem Tier noch dem Menschen ein Vorteil entspringt. Dieser ungeheure Aufwand an Arbeit, das weitaus höhere Risiko, die daraus resultierende Verantwortung – das alles nimmt man auf sich, nur um zum selben Zeitpunkt mit denselben Weibchen dieselben Brütlinge zur Verfügung zu haben? Im Falle der Krebse haben wir doch mit den Weibchen den Glücksfall in der Hand, Eipflegerin und Kindermädchen kostenlos frei Haus gestellt zu bekommen, deren Instinkte und Möglichkeiten von der Natur besser als unsere eingerichtet wurden, diese Aufgabe zu übernehmen!

## Aufzucht der Sömmerlinge

Die in die Aufzuchtbecken gefallene Brut findet sowohl in den Fadenalgen als auch in den Ziegeln ausreichend Möglichkeit, ein passendes Versteck zu suchen. Als Besatzdichte haben sich **400 Stück pro m²** bewährt, wie bereits erwähnt. Sowohl die Überlebensrate mit ca. 70 % als auch die Größe der Sömmerlinge mit 2,5–3,5 cm sind aus wirtschaftlicher Sicht akzeptabel. Bei dichterem Besatz nehmen beide Faktoren drastisch ab. Weniger Krebse pro m² ergeben eine höhere Überlebensrate und steigende durchschnittliche Größe.

Als **Nahrung** stehen den Brütlingen anfangs **Plankton** jeder Art und Fadenalgen zur Verfügung. Zufütterung ist zu diesem Zeitpunkt noch nicht notwendig. Erst im Juli legt man jeden zweiten Abend etwas Garnelenfutter und geraspelte Karotten vor. Kleinkörniges Forellenfutter, pürierte Leber, kleingehacktes Fischfleisch und gekochte Kartoffeln können zur Fütterung verwendet werden. Ab August werden sich die Krebse mit Begeisterung über den Nachwuchs der im Frühjahr eingesetzten Schnecken hermachen. Sollten die Fadenalgen in einem Becken deutlich weniger werden, so sind welche aus dem Klärteich oder -becken einzubringen.

Die optimale Aufzuchttemperatur liegt zwischen **18 und 22 °C**. Soweit es die Witterung zulässt, versucht man, in diesem Bereich zu bleiben. Eine laufende Kontrolle der Temperatur und eine mindestens wöchentliche Überprüfung von Sauerstoffgehalt, pH-Wert und Nitrat gehören ebenso zu den Aufgaben über den Sommer wie das Putzen der Ablaufgitter, das Freihalten der Leitungen und die Wartung der Pumpen.

Auch in der Aufzucht von Sömmerlingen wird jeder Einzelne seine eigene Methode entwickeln müssen, die die speziellen Bedingungen des Klimas, der Aufzuchtanlage und seiner Krebse berücksichtigt. Vor Rückschlägen ist niemand gefeit. Die Beobachtung der kleinen Krebse bei der Nahrungsaufnahme und Häutung entschädigt aber schon für so manche Mühe.

## Abfischung

**Anfang bis Mitte Oktober**, wenn bei sinkenden Temperaturen keine Häutung der Krebse mehr zu erwarten ist, werden die Aufzuchtbecken abgefischt. Zu diesem Zwecke senkt man den Wasserspiegel etwas ab und entnimmt die Fadenalgenbündel, wobei man Streifen für Streifen zwischen Daumen und Zeigefinger durchzieht und abtastet. Sie werden erstaunt sein, wie viele Krebse sich in den Algen finden. Sind diese gänzlich entnommen, so senkt man den Wasserspiegel bis kurz über die Ziegel ab. Im Aufzuchtbecken lässt man eine Plastikwanne mit nicht zu hohem Rand schwimmen, nimmt die Ziegel in einem Zug aus dem Wasser und kippt sie über der Wanne seitlich. Dabei werden die meisten Sömmerlinge bereits in den Behälter fallen. Im Ziegel verbliebene können durch Schütteln oder Ausblasen entfernt werden. Sollten einige Hartnäckige durch nichts zum Verlassen ihres Versteckes zu überreden sein, legt man den Ziegel in eine andere Wanne, die einen Fingerbreit mit Wasser gefüllt ist. Spätestens am nächsten Morgen haben alle Krebse ihren Unterschlupf verlassen.

Sind alle Ziegel aus dem Becken entfernt, wird es gänzlich entleert, und die restlichen Krebse werden eingesammelt. Über Nacht lässt man ein wenig Wasser im Bereich des Ablaufes stehen, wo sich die im Sand versteckten Sömmerlinge bis zum Morgen sammeln. Bei Bedarf werden die Krebschen in drei Größen sortiert und getrennt gehältert, um eine bessere Vermarktung zu erreichen.

## Hälterung

Auch zur Hälterung erweisen sich **einige flachere Becken mit guter Arbeitshöhe** als vorteilhaft. Bei kurzfristiger Aufbewahrung der Krebse sind Verstecke nicht notwendig; es reicht aus, die Becken abzudecken. Als zusätzliche Unterteilung eignen sich Bruteinsätze aus Kunststoff, wie sie in der Forellenzucht Verwendung finden, sehr gut. Hier können abgezählte Mengen separat verwahrt und einfach aus dem Wasser genommen werden. Bei längerer Hälterung sind die Sömmerlinge zu füttern, wobei nur mehr Karotten Verwendung finden. Sollen Krebse auch im Frühjahr als Einjährige vermarktet werden, so sind diese in normal eingerichteten Becken mit Quellwasserdurchlauf relativ einfach über den Winter zu bringen, wobei zweimal wöchentlich schwach gefüttert wird. Diese Überwinterung ist aber nur für vorbestellte Krebse sinnvoll.

## Transport

Vielfach finden zum Transport der Sömmerlinge noch Plastikbehälter, gefüllt mit $1/3$ Wasser und $2/3$ Sauerstoff, Verwendung. Wirklich sinnvoll ist diese Methode aber nur bei der empfindlicheren Krebsbrut. Da sich Sömmerlinge sehr gut trocken transportieren lassen, spart man nicht nur Arbeit, sondern auch Gewicht beim Versand. Die Tiere werden auf feuchter Holzwolle in passenden Styroporkisten verpackt, die man mit einem kleinen Schraubenzieher seitlich und am Deckel einige Male durchlöchert hat. Bei passenden Temperaturen können so verpackte Krebse ohne Probleme zwei bis drei Tage transportiert werden. Beim Versand ist unbedingt die Kennzeichnung „Vorsicht! Lebende Krebse!" anzubringen. Nachdem die letzten Krebse verschickt oder abgeholt wurden, kann die gesamte Anlage (außer Klärteich) entleert werden.

# SPEISEKREBSZUCHT

## Geeignete Krebsarten

Sowohl die beiden *Austropotamobius*-Arten als auch der Kamberkrebs sind wegen ihrer geringen Größe und schlechten Vermarktbarkeit von vornherein auszuschließen.

## Edelkrebs

Der Edelkrebs ist für die Speisekrebsproduktion gut geeignet. Seine Vorteile liegen im sehr guten Wachstum und im für Süßwasserkrebse allerhöchsten zu erzielbaren Preis. Zudem ist er als heimischer Krebs

Signalkrebs

„ökologisch unbedenklich". Der Nachteil liegt in der Krebspestanfälligkeit. Aus diesem Grund ist eine Speisekrebsproduktion nur in geschlossenen Anlagen mit autarker Wasserversorgung anzuraten.

### Galizier
Der Galizier eignet sich wenig. Er zeigt zwar gutes Wachstum, ist aber ebenso pestanfällig wie der Edelkrebs, erzielt aber nur den halben Preis im Vergleich zu diesem. Auch ist er als nicht heimisch anzusehen.

### Signalkrebs
Er zeigt eine gute Veranlagung für die Speisekrebszucht. Der Signalkrebs kann zwar die anfangs in ihn gesetzten Erwartungen (Speisegröße in zwei Jahren) nicht erfüllen, er zeigt sich aber im Wachstum dem Edelkrebs zumindest ebenbürtig. Sein Preis liegt deutlich unter dem des Edelkrebses, aber ebenso deutlich über dem des Galiziers. Seine Härte gegenüber der Krebspest ist ein deutlicher Vorteil, der jedoch durch seine ökologische Bedenklichkeit an Bedeutung verliert. Signalkrebse sind überwiegend pestinfiziert, somit Krankheitsüberträger und eine Gefahr für angrenzende Gewässer. Auch bei Versickerung des Überlaufwassers finden immer einige Exemplare den Weg in den nächsten Bach oder Fluss.

### Roter Amerikanischer Sumpfkrebs
Er ist der am häufigsten zu Speisezwecken gezüchtete Süßwasserkrebs der Erde. Auch die Wildfänge liegen mit 20.000–30.000 t jährlich (hauptsächlich im Süden der USA und in Spanien) absolut an der Spitze. In Mitteleuropa kommt er für Zuchtzwecke schon wegen seiner hohen Temperaturbedürfnisse nicht in Frage.

### Speisekrebsproduktion in Teichen
Die bisher in Mitteleuropa geläufige Form der Speisekrebsproduktion in Teichen ähnelt jener der Karpfen in früherer Zeit. Aus einem Teich mit einer Krebsvollpopulation werden jene Tiere abgeschöpft, die Marktgröße erreicht haben. Da es in diesem Fall unter weitgehendem Ausschluss von Feinden und einer negativen Auslese zu Übervölkerung und Verbuttung kommt, fallen die

Erträge nach einigen Jahren sogar weit unter jene in Freigewässern. Nach der Euphorie der ersten Jahre nach Besatz, in denen bis zu 300 kg/ha geerntet wurden, macht sich nun tiefe Enttäuschung breit. Auch noch so intensive Fütterung kann diesen Missstand nicht mehr beheben. Es bleibt einzig eine radikale Ausdünnung des Bestandes, der meist nur durch Ablassen des Teiches zu erreichen ist.

Eine Lösung wäre wie in der modernen Karpfenzucht denkbar: eine jahrgangs- und geschlechtergetrennte Aufzucht bei jährlicher Abfischung und Anpassung der Teichgröße. Hier ergeben sich jedoch einige gravierende Probleme. Nicht der lange Produktionszeitraum von drei bis vier Jahren, sondern hauptsächlich die extrem schlechte Abfischbarkeit vor allem bei kleinen Krebsen stellt uns vor große Probleme. Dazu kommt das Fehlen eines geeigneten Trockenfuttermittels, da die Bedürfnisse der Süßwasserkrebse noch nicht zufriedenstellend geklärt sind.

In Versuchen werden sowohl die jahrgangsgetrennte Teichhaltung als auch die Intensivmast in Becken erprobt. Bis diese Methoden entsprechend ausgereift sind, müssen wir uns mit Kompromissen behelfen, die aber, wie Sie sehen werden, auch zum Erfolg führen können. Dazu benötigen wir, wie oben beschrieben, einen oder mehrere große Teiche (mindestens 1 ha) mit dichter Vollpopulation. Die Notwendigkeit der intensiven Entnahme von kleineren Krebsen, die noch nicht marktfähig sind, ist die Grundlage für eine weiterführende, rationelle Speisekrebsproduktion. In einem solchen Teich mit 1 ha Fläche können ohne weiteres 2.000 Krebse zwischen 6 und 9 cm gefangen werden, wobei die Geschlechterverteilung durch die schlechtere Fangbarkeit der Weibchen ca. 1.200 Männchen und 800 Weibchen betragen wird. Nach Möglichkeit werden die Weibchen und 200 Männchen als Besatzkrebse verkauft (zusätzliche Einnahme beim Edelkrebs!); es bleiben also rund 1.000 männliche Krebse mit einem Durchschnittsgewicht von 15–20 g zur Disposition.

## Abwachsteiche

Optimale Abwachsteiche haben eine Größe zwischen 200 und 2.000 m². Je größer der Teich, umso schlechter sind die Wiederfangergebnisse. Eine hohe Uferlänge im Verhältnis zur Fläche und eine Tiefe von mindestens 1 m sind bedeutende Vorteile. Die **Ausstattung** der Abwachsteiche erfolgt **wie bei jenen der Elterntiere**.

Bei ausschließlicher Bewirtschaftung mit Krebsen kann eine Aufschüttung in der Mitte des Teichbodens zusätzlich für Struktur sorgen. In tiefen Teichen ist dafür zu sorgen, dass über den Ablauf das kühlere Tiefenwasser entnommen wird. Ein geeigneter Auskletterschutz kann erhebliche Verluste durch Auswanderung verhindern helfen. Als Nahrungsbasis sind Pflanzen, Schnecken und Muscheln einzubringen. In stark mit Makrophyten verwachsenen Teichen hat sich der asiatische Graskarpfen, der Amur, nicht nur zur Ausdünnung der Pflanzen bewährt. Die enorm hohe tägliche Nahrungsmenge wird von ihm nur sehr schlecht verdaut (ca. 40 %). Dadurch wirkt der Kot dieser Fische als Teichdünger und wird auch sehr gerne von den Krebsen gefressen.

## Einjährige Bewirtschaftung

Vor Besatz mit Krebsen bringt man abgefallenes Erlenlaub und, bei schwachem Pflanzenwuchs, Heu in den Teich ein, um den Detritusanteil der Nahrung abzudecken.

## Besatz des Abwachsteiches

Dieser erfolgt mit männlichen Krebsen von 6–9 cm Länge (Durchschnittsgewicht ca. 18 g) in einer Dichte von einem Stück/m². Höhere Besatzdichten sind je nach Produktionskraft und Fütterung möglich, müssen aber aus den Erfahrungswerten für jeden einzelnen Teich festgelegt werden. Die oben angegebene Menge basiert hauptsächlich auf natürlicher Ernährung mit geringer Fütterung und hat eine positive Auswirkung auf Wasserqualität und Überlebensrate. Bei intensiver Fütterung steigt zwar das Risiko, aber eine Verdoppelung bis Verdreifachung der Besatzdichte und des Zuwachses ist möglich.

## Wassertemperatur

Über den Winter ist eine Beschickung mit Quell- oder Grundwasser von Vorteil, da die Temperatur höher ist, die Krebse dadurch mehr Nahrung aufnehmen und die erste Häutung im Frühjahr zeitiger erfolgt.

Die Sommertemperatur ist mit 20–24 °C optimal. Ein Durchlauf ist im Sommer nicht unbedingt notwendig, da für das geringe Krebsgewicht ausreichend Sauerstoff über die Oberfläche des Teiches eingetragen wird.

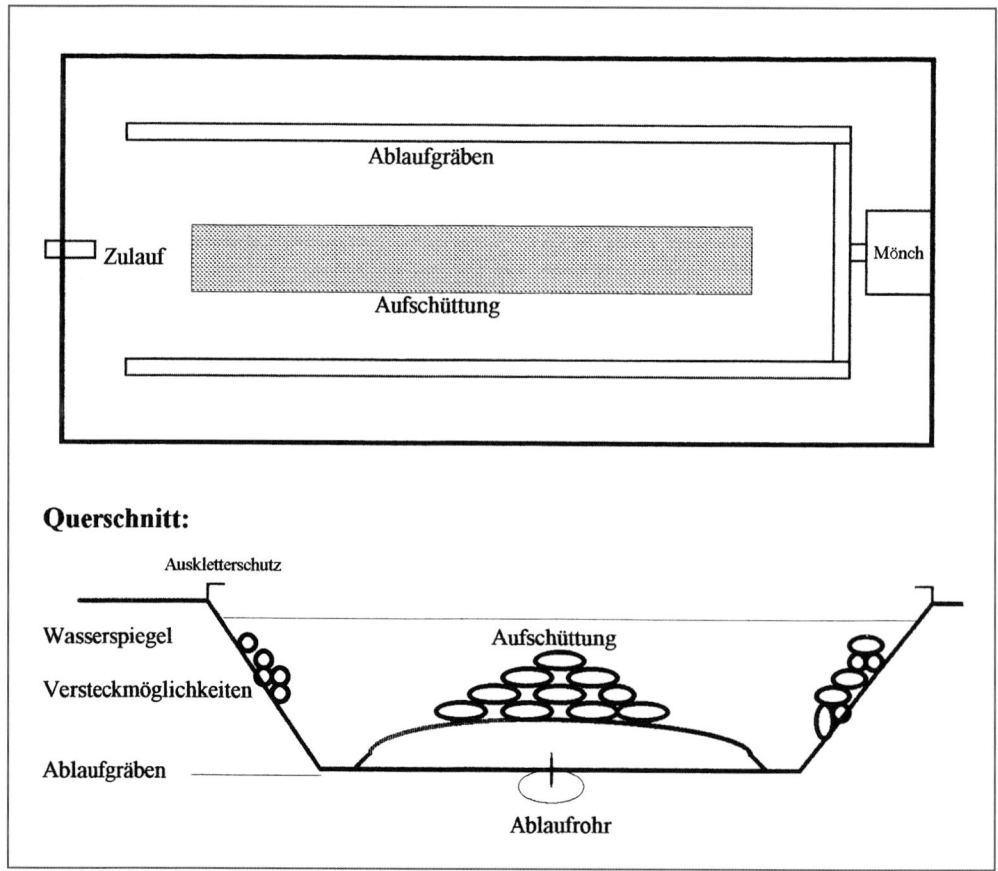

Schema eines Abwachsteiches

## Fütterung

Sobald im Frühjahr die Wassertemperatur 16 °C erreicht, kann mit Fischstücken, Getreide und diversen Fischfuttermitteln jeden zweiten Abend zugefüttert werden. Sollte das Futter nicht gänzlich aufgenommen werden, so ist nicht seltener, sondern weniger zu füttern. Die Futtermenge muss gut entlang der Versteckmöglichkeiten verteilt werden (eine Futterstelle alle 5–10 m Ufer).

## Kontrollfänge

Ab August sind einmal wöchentlich mit Reusen Kontrollfänge durchzuführen, um das Wachstum zu kontrollieren und porzellankranke, schwache und verletzte Tiere zu entnehmen.

## Schutz gegen Feinde

Vor allem Bisam, Ratten, Fischotter und Reiher führen zu größeren Verlusten. Sie sind durch geeignete Maßnahmen fernzuhalten bzw. zu bekämpfen.

## Abfischung

Die Abfischung erfolgt meist Ende September, Anfang Oktober, da die Krebse zu dieser Zeit ihr höchstes Gewicht erreichen. Wie bei den Elterntieren entleert man den Teich über Nacht und sammelt am Morgen die Krebse ein. Danach ist der Abwachsteich wieder leicht anzustauen (knapp über die Ablaufgräben) und am nächsten Morgen erneut abzulassen, da viele Krebse erst in der zweiten Nacht ihr Versteck verlassen und dem Wasser nachgehen.

## Zuwachs

Bei sorgfältiger Vorbereitung und Durchführung werden die Stückverluste kaum mehr als 20 % betragen; das Durchschnittsgewicht wird bei ca. 80 g liegen. Das Abfisch-

Ausstattungsmöglichkeiten eines Elterntier- oder Abwachsteiches

ergebnis wird also in einem 1.000 m² großen Teich ca. 64 kg, der Zuwachs 46 kg betragen. Bei dieser eher extensiven Bewirtschaftung ist die natürliche Produktionskraft des Teiches nach zwei bis drei Jahren erschöpft und eine einjährige Krebsbewirtschaftungspause einzulegen.

## Zweijährige Bewirtschaftung

Diese Methode kann angewandt werden, wenn größere Mengen an kleinen Besatzkrebsen (5–7 cm) zur Verfügung stehen. Die Vorbereitung des Teiches erfolgt wie bei der einjährigen Bewirtschaftung.

Man besetzt mit zwei bis drei Stück/m² bei extensiver Bewirtschaftung. Alle anderen Maßnahmen bleiben gleich, nur wird der Teich im Herbst nicht abgefischt. Nach der ersten Häutung im Frühjahr des zweiten Jahres sollen die ersten marktfähigen Krebse (ca. 80 g) vorhanden sein. In einer intensiven Befischung mit Reusen in zwei oder drei Nächten entnimmt man nach jeder Häutungsperiode die Speisekrebse und schafft so wieder mehr Raum für die verbleibenden Tiere.

Im Herbst des zweiten Jahres erfolgt die endgültige Abfischung.

## Wechselnde Bewirtschaftung mit Fischen und Krebsen

Geeignete Teiche werden abwechselnd mit Fischen und Krebsen bewirtschaftet. Bei den Fischen kommt die Produktion von einsömmrigen Karpfen (K1) oder, bei ausreichend Frischwasser, von Salmonidensömmerlingen in Frage. Während des Jahres der Fischproduktion baut sich die Nahrungsbasis für Krebse (Schnecken, Muscheln, Pflanzen, Detritus) dermaßen auf, dass weit höhere Zuwächse als in der einjährigen Bewirtschaftung möglich sind.

- **1. Jahr:** Produktion von K1 oder einsömmrigen Salmoniden. Nach der Abfischung im Herbst wird Laub und Heu eingebracht (mindestens 50 kg pro 200 m²), aufgestaut und mit Krebsen besetzt. Es kommen Krebse von 6–9 cm in einer Dichte von zwei bis drei Stück/m² zum Einsatz.
- **2. Jahr:** Im zweiten Jahr erfolgt derselbe Vorgang wie bei der einjährigen Bewirtschaftung. Es ist auch hier mit einer Wiederfangrate von ca. 80 % der eingesetzten Krebse mit einem Stückgewicht von ca. 80 g zu rechnen. Aufgrund der höheren Besatzdichte sind die Zuwächse je Flächeneinheit jedoch ein Mehrfaches. Bei guter Kenntnis der Fischproduktion und mehreren zur Verfügung stehenden Teichen ist die Wechselbewirtschaftung ein ausgezeichnetes Instrument zur Ertragssteigerung der gesamten Anlage.

## Hälterung größerer Krebse

Für unterschiedliche Bedürfnisse und Voraussetzungen stehen **zwei Hälterungsmethoden** zur Verfügung:
- Kaltwasserhälterung
- Warmwasserhälterung

### Kaltwasserhälterung

Sie eignet sich zur kurzzeitigen Hälterung von größeren Mengen. In Becken aus Holz, Beton oder Polyester werden die Krebse in großer Dichte (bis 30 kg/m²) ohne Versteckmöglichkeit und Fütterung gehalten. Ein entsprechend großer Durchfluss an Frischwasser ist dazu notwendig. Die Becken werden abgedeckt und gegen Ausklettern der Krebse gesichert. Vor dem Einbringen der Krebse sind diese langsam abzukühlen, um einen Temperaturschock zu vermeiden. Krebse, die während der Häutungsvorbe-

Edelkrebsmännchen mit 180 g

# Speisekrebszucht

Hälterbecken mit Versteckmöglichkeiten

reitung gefangen und in die Kaltwasserhälterung gesetzt werden, versuchen eine Panikhäutung und sterben. Prinzipiell sollten Krebse im Sommerhalbjahr nicht länger als eine Woche in dieser Hälterung bleiben, da die Verluste drastisch steigen. Sie ist jedoch optimal für eine kurzfristige Aufbewahrung großer Mengen geeignet.

## Warmwasserhälterung

Diese bietet den Krebsen ein relativ natürliches Umfeld bei großer Individuendichte. Becken jeder Größe werden mit Sand und reichlich Verstecken (Ziegel, Drainagerohrstücke, Welleternitstücke) ausgestattet und mit Wasser aus einem der Zucht- oder Abwachsteiche versorgt, um die Temperaturbedingungen anzugleichen. Je nach Größe der Krebse können 50–100 Stück/$m^2$ gehalten werden. Die Becken werden nicht abgedeckt, jedoch mit einem Auskletterschutz versehen. Es wird mäßig mit Fadenalgen, Karotten und Fischstücken jeden zweiten Tag gefüttert. Futterreste sind am nächsten Tag zu entfernen. Es besteht keine Gefahr eines Temperaturschocks, und auch Häutungen gehen relativ gefahrlos vor sich. In der Warmwasserhälterung können Krebse ohne große Verluste an Stück und Gewicht mehrere Monate gehalten werden. Bei Zufluss von Quellwasser können sie in dieser Anlage auch überwintert werden.

## Transport

**Größere Krebse** werden prinzipiell **ohne Wasser** transportiert. Hohe Temperaturen, direkte Sonnenbestrahlung und Austrocknung sind bei der Beförderung jedoch zu vermeiden. Kurze Zeit, wie z. B. von der Abfischung zur Hälterung, können Krebse in mehreren Schichten übereinander in Wannen gehalten werden. Dabei ist zu beachten, dass sich nicht zu viel Wasser ansammelt, da dieses in Kürze sauerstofffrei ist und die darin befindlichen Krebse ersticken. Üblicherweise werden auch größere Krebse wie Sömmerlinge auf feuchter Holzwolle in Styroporkisten mit Luftlöchern transportiert und verschickt.

## Vermarktung

Anders als in der Vermarktung von Edelkrebssömmerlingen ist bei den Speisekrebsen die Nachfrage kein Problem. Man darf sich jedoch nicht erwarten, dass ein Dorfwirt ein Kilogramm Krebse um € 30,– einkauft, sondern muss die richtigen Abnehmer finden. In der Spitzengastronomie, bei Buffetservicefirmen und Partydiensten sind schöne Speisekrebse Mangelware, die gut bezahlt wird. Wichtig ist bei der Eigenvermarktung die ständige Verfügbarkeit von Speisekrebsen. Beim Verkauf an den Zwischenhandel sind kräftige Preiseinbußen nicht zu vermeiden.

Bei Signalkrebsen ist mit Preisabschlägen bis zu € 10,–/kg zu rechnen, da ihre Panzer deutlich schwerer zu knacken und ihre Farbe in gekochtem Zustand nicht so leuchtend rot ist.

# KREBSE IN BIOTOPEN UND AQUARIEN

Immer häufiger werden im Zierfischhandel Krebse für Biotope und Aquarien angeboten. Um Sie, werter Leser, Ihre Umwelt und Fischereiberechtigte und Krebszüchter in Ihrer Nähe vor einem folgenschweren Fehler zu bewahren, sind einige Erklärungen notwendig. Grundsätzlich gilt: Die im entsprechenden Fachhandel angebotenen Krebse sind meist falsch deklariert (z. B. „Teichkrebs" für Signalkrebs, „Süßwasserhummer" für den Roten Amerikanischen Sumpfkrebs), extrem teuer und durchgehend krebspestinfiziert!

## KREBSE IN BIOTOPEN UND GARTENTEICHEN

Absolut sinnlos ist der Besatz nicht winterfester kleinflächiger Biotope. Eine **Größe von mindestens 100 m²** und eine **Tiefe von 1 m** sind die Voraussetzungen, dass Krebse den Winter überleben. Gut geeignet sind große Gartenteiche und Schwimmteiche, wenn ausreichend Verstecke geboten werden. Über die folgenden Dinge muss man sich vor einem Besatz jedoch klar sein.

### Größe der Besatzkrebse

Die im Zierfischhandel erhältlichen Tiere sind meist schon geschlechtsreif. Da man seinen Gartenteich wohl kaum mit einem hässlichen Auskletterschutz versehen wird, sind die Krebse in kurzer Zeit über alle Berge. Der einzig sinnvolle Besatz ist mit **Krebsbrut oder Sömmerlingen**.

### Krebsart

Meist werden amerikanische Krebsarten zu diesem Zweck angeboten. In Verbindung mit den Auswanderungstendenzen und einer sicheren Krebspestinfektion entsteht eine enorme Gefahrenquelle für die umliegenden Gewässer. Krebse können in einer Nacht bis zu 200 m über Land zurücklegen! Wenn also ein Besatz durchgeführt wird, dann bitte mit Edelkrebsen.

### Bezugsquelle

Da wir uns geeinigt haben, dass ein Besatz nur mit krebspestfreien Edelkrebssömmerlingen oder -brütlingen erfolgen soll, bleiben nur **Krebsbewirtschafter und -züchter** übrig.

## Auswirkungen auf das Biotop

Dies ist einer der wichtigsten Punkte, da er Ihre Entscheidung für oder gegen Krebsbesatz am meisten beeinflussen muss. Sollte der Besatz gelingen und eine Vermehrung der Krebse stattfinden, so ist aufgrund fehlender Feinde und anfänglich guter Nahrungsbasis eine Überraschung fast sicher.

Die Krebse werden die absolut dominante Tierart in Ihrem Teich, vernichten Pflanzen, Insektenlarven, Schnecken, Muscheln und Jungfrösche. Dies kann so weit führen, dass außer Krebsen kaum noch Lebewesen im Teich zu finden sind. In diesem Fall hilft nur noch eine Trockenlegung über den Winter.

# KREBSE IN AQUARIEN

Krebshaltung im Aquarium kann eine faszinierende Angelegenheit sein. Das Beobachten der Verhaltensweise, der Nahrungsaufnahme und vor allem der Häutung stellt ein Erlebnis der besonderen Art dar. Aber auch im Aquarium sind einige Punkte zu beachten, um Enttäuschungen zu vermeiden.

## Einrichtung des Aquariums

Wenn Sie Krebse in Ihr mit Fischen besetztes und mit Pflanzen gestaltetes Wohnzimmeraquarium geben, werden Sie bereits am nächsten Morgen, gelinde gesagt, überrascht sein. Die meisten Pflanzen werden an der Oberfläche schwimmen, da sie von den Krebsen ausgerissen wurden. Sand, Steine und Wurzeln werden in wilden Haufen zusammengeschoben sein, Ihre Fische werden schockiert blicken und der Krebs wird Ihnen mit erhobenen Scheren auf dem Wohnzimmerteppich entgegenkommen, da er über die Filterpumpenleitung diese üble Spelunke verlassen hat. Scherz beiseite; aber so wird es sein. Krebse in ein bestehendes Fischaquarium zu setzen, führt immer zum Desaster.

Krebsen ist ein **eigenes Aquarium** einzurichten. Auf den üblichen Sand bauen Sie mit mindestens faustgroßen Steinen an der Hinterseite des Aquariums Versteckmöglichkeiten unterschiedlicher Größe. Decken Sie zumindest jene Seite des Aquariums ab, an der die diversen Leitungen der Filterpumpe liegen. Eine Heizung ist für die meisten Krebsarten nicht notwendig. Setzen Sie die Krebse (mindestens zwei) in das gefüllte Aquarium und lassen Sie die Tiere sich austoben. Nach ca. einer Woche werden die Umbauarbeiten abgeschlossen sein, und jede Veränderung durch den Menschen wird eine sofortige Nachbesserung durch die Krebse nach sich ziehen. Fische können Sie ohne weiteres dazusetzen, da die gepanzerten Bauarbeiter nur selten einen gesunden Schuppenträger fangen werden, aber nehmen Sie von dem fixen Gedanken Abstand, Pflanzen ansiedeln zu wollen. Füttern Sie die Krebse mit Tubifex, Regenwürmern, Karottenstückchen und entsprechenden Futterflocken. Sobald Sie sich an den Gedanken gewöhnt haben, dass nicht Sie der Herr des Aquariums sind, können Sie gelöst das wunderbare Schauspiel der Krebse betrachten.

## Krebsarten

Es sind alle bei uns vorkommenden Krebsarten zur Aquariumhaltung geeignet. Für den Steinkrebs soll die Temperatur jedoch nicht oft über 20 °C betragen. Galizier, Signal-, Dohlen- und Edelkrebs können ohne

# 114 KREBSE IN BIOTOPEN UND AQUARIEN

Heizung bei Zimmertemperatur gehalten werden. Der Rote Sumpfkrebs kann auch in beheizten Aquarien eingesetzt werden.

## Bezugsquelle

Im Aquariumhandel ist eine Vielzahl an Krebsarten aus aller Welt erhältlich. Es bedarf einer genauen Erkundigung über die optimalen Lebensbedingungen der jeweiligen Art, die am besten über entsprechende Literatur erfolgt, da auch die Verkäufer der Geschäfte meist ahnungslos sind.

Aber auch in der Literatur finden wir katastrophale Werke, die neben anderem Unsinn nicht nur Arten, sondern ganze Gattungen verwechseln. Es sei Ihnen das Buch „Krebse und Garnelen in Aquarien" von Reinhard Pekny und Chris Lukhaup ans Herz gelegt, welches alleine schon aufgrund seiner phantastischen Bilder jeden Cent wert ist.

**HINWEIS!** Zu beachten

Zum Abschluss dieses Kapitels möchte ich noch eine eindringliche Bitte äußern: Die meisten im Speise- und Zierfischhandel erhältlichen Krebse sind Pestüberträger und somit eine potentielle Gefährdung für heimische Krebsbestände. Tragen Sie dafür Sorge, dass diese Krebse oder deren Nachkommen unter keinen Umständen in Freigewässer gelangen! Ihre einzige Bestimmung ist das Aquarium – oder der Kochtopf!

Florida-Höhlenkrebs

*Cambarus manningii*; USA

Hoa-Creek-Krebs; Neuguinea

# DIE ZUKUNFT DER HEIMISCHEN KREBSE

## IN FREIGEWÄSSERN

Obwohl die Anzahl der für die heimischen Krebse geeigneten Lebensräume durch die deutliche Verbesserung der Gewässergüte, den naturnahen Rückbau hartverbauter Strecken und das Abrücken vom Aalbesatz drastisch gestiegen ist und vereinzelte Besatzaktionen beste Erfolge zeitigen, ist ohne Eingreifen an eine positive Entwicklung der momentanen Situation nicht zu denken. Die Bestandesneugründungen, ob durch selbstständige Besiedelung oder Besatz, können die durch Unwissenheit, Untätigkeit und Ignoranz angerichteten Schäden an bestehenden Beständen nicht ausgleichen. In den meisten Fällen ist es das Unwissen über das Vorhandensein bzw. über die Biologie und Bewirtschaftung von Krebsen, welches immer wieder zu Totalverlusten von Beständen führt. Auch der Besatz oder die unkontrollierte Ausbreitung amerikanischer Krebse, das unbemerkte Zusammenwachsen von Beständen verschiedener Herkunft, die falsche fischereiliche Bewirtschaftung oder die fehlende von starken Krebsbeständen wirkt sich negativ aus. Nur eine Hebung des Stellenwertes der heimischen Krebse in einen ihnen angemessenen Stand unter Berücksichtigung der Gefährdungen, vor allem durch die Krebspest, kann die Grundlage für eine Trendumkehr bilden.

In Österreich besteht die allergrößte Gefahr durch die massiven Signalkrebsbestände in den Freigewässern und deren rasante Ausbreitung. In Deutschland gilt das Gleiche für den Kamberkrebs. So ist in den Mittel- und Unterläufen der Gewässersysteme ein Besatz mit heimischen Arten nicht mit ruhigem Gewissen zu empfehlen, da in nahezu allen krebstauglichen Bereichen der Signalkrebs zumindest punktuell vorkommt.

Hoffnung lässt die Entdeckung mehrerer Bestände krebspestresistenter heimischer Krebse aufkeimen. Wir müssen jedoch darauf achten, dass bei zunehmender Resistenz überhaupt noch Gewässerbereiche zu finden sind, die der Signalkrebs noch nicht besiedelt hat!

# KURIOSES UND ABSONDERLICHES AUS DER WELT DER KREBSE

### EIN ZEICHEN HÖHERER GEWALT?

Eigentlich müsste dieser Absatz „Nachtrag zum Kapitel Besatzkrebszucht" heißen. Während ich am Aschermittwoch 1996 besagtes Kapitel auf meinem Computer schrieb, fiel mein Blick durch das Bürofenster auf das Foliengewächshaus, welches die Krebsaufzuchtanlage meines Freundes Reinhard Pekny überdacht. „Seltsam", dachte ich, „so niedrig hatte ich es nicht in Erinnerung." Doch meinte ich, die Ursache der verschobenen Höhenverhältnisse sei eine durch die beträchtlichen Neuschneemengen hervorgerufene Täuschung. Mit Neuschnee hatte die Sache allerdings tatsächlich zu tun, wie Reinhard mir zehn Minuten später atemlos erklärte. Durch das hohe Gewicht knickten die Metallholme des Gerüstes und das Gewächshaus sackte auf einer Seite ein.

Nachdem der Schaden nun behoben ist, verfasse ich „auf höhere Weisung" den Nachtrag: Bei Foliengewächshäusern als

Roter Amerikanischer Sumpfkrebs

Überdachung Ihrer Aufzuchtanlage ist darauf zu achten, dass größere Neuschneemengen immer rechtzeitig abrutschen können, da sonst die Gefahr des Eindrückens besteht. Notfalls muss auch nächtens geschaufelt werden.

# HISTORISCHES

## Donnerwetter und Schwein

„Ingleichen auch, so man Krebse führet, ist das Wetter zu consideriren, denn bey dem Donnerwetter stehen sie leicht ab; ingleichen muß man zusehen, daß des nachts kein Schwein unter dem Karren oder Wagen lauffe, wenn selbiges geschieht, so sind sie gleich todt."

Chur-Fürstlich Sächsische Fisch-Ordnung
JOHANN GEORGS II.

## Krebswickel

„Der Krebs widersteht allem Gift und heilet aller giftiger schädlicher Thiere Stich und Biß, wann man sie zerstößet und in Milch einnimmt oder sonsten von Außen aufleget."

DEUBLINGER, „Über die Verwendung der Flußkrebse in der Medizin", Diss., 1735

## Staubkörnchen und Krebssteine

„Die Krebssteine sind recht gut vor innerlicher Hitze. Unter das Zahnpulver sind sie besonders gut zu mischen. Sie reinigen nicht nur das Zahnfleisch, sondern renovieren auch den Scorbut. Zu den Augen sind sie ebenfalls sehr bewährt. Wenn einem etwas ins Auge gestäubet, so nimmt man einen mittelmäßigen Krebsstein und steckt ihn ins Auge, hält das Auge anfangs etwas zu, daß er darin bleibet. Alsdann kann man ihn so etliche Stunden darin lassen, so renoviert der Krebsstein das Auge und führet dasjenige, was dreingekommen gewesen, mit sich heraus."

Heinrich Wilhelm DOEBELS,
„Jäger-Practica", 1746

## Krebsbehandlung

„Dort [in Russland; Anm. d. Verf.] waren die Tiere so häufig, daß man die Schweine mit ihnen fütterte oder sie einfach in großen Haufen in der Sonne verfaulen ließ, nur um aus ihrem Innern die geheimnisvollen Krebssteine zu gewinnen, die von abergläubischen Leuten und Kurpfuschern heiß begehrt und gut bezahlt wurden, weil sie ein unfehlbares Mittel gegen alle möglichen und unmöglichen Krankheiten bilden sollten, wie überhaupt der Krebs in der alten Heilkunde und Apotheke eine umfangreiche Rolle gespielt hat, so daß Sachs von Löwenheimb in seiner hochtrabenden ‚Gammerologia' diesem Umstande nicht weniger als 260 Seiten widmen konnte."

Dr. Kurt FLOERICKE,
„Gepanzerte Ritter", 1915

„Die Bedeutung der Krebssteine in der Medizin, und auch die Häufigkeit der Krebse zu jener Zeit zeigt der Umstand, daß ein deutscher Händler Ende des 18. Jhdt. innerhalb von 5 Jahren aus dem Gebiet der masurischen Seen 100 Tonnen Krebssteine nach Mittel- und Westeuropa brachte!"

Franz THIEL, Ö. Fischerei, 1950, S. 40.

## Geisterstunde

„Der Komponist Anton Bruckner war bekannt für seine Vorliebe für Krebse, im besonderen für deren Suppe. Er konnte drei Teller derselben verspeisen. Als Anton Bruckner noch Lehrer in Windhaag war, fing er eines Tages in einem nahegelegenen Bach viele

# KURIOSES UND ABSONDERLICHES AUS DER WELT DER KREBSE

*Krebse, befestigte kleine brennende Kerzen an ihren Rücken und ließ die Tiere des nachts auf dem Friedhof frei. Die Bewohner des Dörfleins gerieten ob dieser ‚Geister' in helle Aufregung. Anton Bruckner wurde daraufhin versetzt."*

Franz THIEL, Ö. Fischerei, 1950, S. 40.

### Bewunderung
*„Das muß ein kühner Mann gewesen sein, welcher den ersten Krebs gegessen!"*

UNBEKANNT, „Wohlbewährte Fischgeheimnüsse", 1758

## NOCH NICHT SO LANGE HER

### Von Indianern und Fröschen
*„Die europäischen Krebse [...] entwickeln seit fast hundert Jahren kaum Resistenz gegen die verschiedenen Stämme des fatalen Pilzes, der in den USA endemisch auftritt, in Europa aber eine Epidemie der Krebspest verursacht. Welche Analogie zur Syphilis, die in vergangenen Jahrhunderten Europa verpestete, den Indianern aber nicht wesentlich zu schaffen machte. [...] Wie der Schaden, so kommt aus Amerika auch die Rettung für unsere verödeten, verfroschten und verkrauteten Krebsgewässer und deren biologisches Gleichgewicht. Vor fast hundert Jahren eingeführt, hat sich der pestresistente, kleine, drahtige Kamberkrebs [...]"*

AFZ-Fischwaid, September 1972

### Ökologisches Fingerspitzengefühl der 70er Jahre
*„Im Fuschlersee (bei Salzburg) wurden auf unsere Anregung hin ca. 8.000 Kamberkrebse ausgesetzt. [...] In den Jahren 1970/71 transportierten wir über 7.000 kleine und mittlere Signalkrebse nach Österreich und besetzten [...] folgende Gewässer: [...], Zeller See (50), [...], Fuschlsee (780), Egelsee bei Attersee (300), Brunnsee (250), [...]*

*Dieses Jahr 1972 [...] setzten wir z. B. im berühmtesten Krebssee des Mittelalters, im Zeller See, bereits 3.000 Stück Signalkrebsbrut aus."*

Reinhard SPITZY, Eurocraysymp I, Hinterthal, 1972

## GANZ NEU

### Von Karotten ...
Telefonische Anfrage eines sehr peniblen Interessenten, der einen 1.000 m² großen Teich mit Krebsen besetzen will: *„Wie groß muss die Anbaufläche für Karotten sein, um meinen Krebsbestand im Teich ausreichend füttern zu können?"*

### ... Kennern ...
Beim Messestand Reinhard Peknys auf der JASPOWA 96 in Wien: *„I bin a a Fischereiaufseher. I kenn olle fümf Krebsoatn: in Flusskrebs, in Bochkrebs, in Butterkrebs, in Blaukrebs ... da fümfte foit ma momentan net ei."*

### ... Ködern ...
Rat eines alten Fischers, den ich zugegebenermaßen auch probiert habe: *„Ich habe alles durchprobiert als Köder für Krebse, aber einer ist unschlagbar. Steche in eine*

*Sardinendose zwei oder drei Löcher und häng sie in die Reuse. Ein Wahnsinn!"* Mein Fangergebnis damit lag zwar unter dem Durchschnitt, aber vielleicht verwendete ich nicht die richtige Marke.

### ... und Katastrophen
Ein Mann betritt die Besatzkrebszuchtanlage von Reinhard Pekny mit einer Schachtel unter dem Arm, öffnet sie und entnimmt ihr zwei große tote Krebse. *„Können Sie sich die einmal anschauen? Ich glaube, die haben die Pest!"*

# REZEPTE

Zu Beginn möchte ich mich den einzelnen Krebsarten und ihrer Eignung als Tafelfreude zuwenden:

- **Edelkrebse:** Sie verdienen auch im Bereich der Küche ihren Namen vollkommen zu recht. Der Kenner weiß, warum er für diese Tiere tiefer in die Tasche greifen muss. Ihre wunderbare rote Farbe in gekochtem Zustand ist legendär, das leichte Aufbrechen der Schale und ihr einzigartig feiner Geschmack lassen keine Wünsche offen.
- **Galizier:** Seine Farbe und der Fleischanteil der Scheren lassen zu wünschen übrig. Der Geschmack ist entsprechend seinem Heimatgewässer unterschiedlich, aber grundsätzlich nicht schlecht.
- **Signalkrebs:** Er kommt im Geschmack dem Edelkrebs wohl am nächsten. Seine Schale ist jedoch weit härter und ohne entsprechendes Krebsbesteck nur mit Gewalt zu öffnen. Verletzungsgefahr!
- **Kamberkrebs:** R. S. LOWERY bezeichnet seinen Geschmack treffend: „Inferior."
- **Roter Amerikanischer Sumpfkrebs:** Nomen est omen!

Krebse sind prinzipiell durch Einwerfen in kochendes Wasser zu töten. Ich werde oft gefragt, ob dies nicht Tierquälerei sei. Dazu Folgendes: Es ist die einzige im Gesetz erlaubte Methode der Tötung von Krebsen. Durch die vielen Nervenenden, die den Panzer des Krebses durchdringen, erleidet er augenblicklich einen tödlichen Schock. Tierquälerei jedoch ist es, die Krebse in nicht kochendem Wasser zuzustellen. Achten Sie darauf, dass vor dem Einwerfen jedes einzelnen Krebses mit dem Kopf voran das Wasser wieder wallend kocht. Eine ungeheuerliche Tierquälerei, die bereits vor 100 Jahren angeprangert wurde, aber auch heute noch vereinzelt praktiziert wird, ist das Herausreißen des Darmes durch Abdrehen und Wegziehen des mittleren Schwanzfächers bei lebendigem Leibe!

Mit Krebsrezepten allein könnte man ein Buch füllen. Hier werden nur zwei Grundrezepte, die Krebsensuppe und gekochte Krebse, angeführt.

## Krebsensuppe

Das Restaurant „Eckel" in Wien-Sievering ist für seine gutbürgerliche „Wiener Küche", darunter seine berühmte Krebsensuppe, bekannt.

### Zutaten
2 Karotten
1 Petersilienwurzel
¼ Sellerieknolle
1 Zwiebel
Öl
250 ml Weißwein
750 ml Knochenbrühe
1 TL Kümmel
20 kleine Krebse
125 ml Sahne
1 EL Mehl
Cognac
Cayennepfeffer und Salz

### Zubereitung
Das Gemüse und die Zwiebel klein schneiden und in wenig Öl anrösten. Nun mit Weißwein sowie Knochenbrühe auffüllen, Kümmel dazugeben und das Ganze gut durchkochen lassen.

Die kleinen Krebse mit einer Bürste sehr sorgfältig reinigen, lebend in die vorbereitete, stark kochende Suppe geben und je nach Größe 6–8 Min. darin kochen lassen. Nun die Krebse herausnehmen, Schwänze und Scheren vom Körper trennen und das Fleisch derselben herauslösen. Das so erhaltene Krebsenfleisch beiseite stellen.

Nun die Krebsschalen in einem Steinmörser oder Schlagwerk zerkleinern – je feiner, desto besser! Diese gestoßenen Schalen in den Sud zurückgeben und 40 Min. weiterkochen. Dann alles durch ein feines Sieb passieren.

Sahne und Mehl glatt rühren, diese Mischung unter ständigem Quirlen in die Suppe gießen und noch weitere 10 Min. sanft kochen lassen. Mit einem Gläschen Cognac, etwas Cayennepfeffer und Salz die Suppe abschmecken.

Das ausgelöste Krebsenfleisch dient als Einlage.

## Krebse gekocht

Das erste Rezept stammt aus dem Kochbuch des weltberühmten „Hotel Sacher" in Wien.

### Zutaten für 2 Portionen
2 l Wasser
15 g Salz
½ TL Kümmel, 8 Pfefferkörner
1 kleine Zwiebel
1 kleinwürfelig geschnittene Karotte
1 Kräuterbündel (Petersilien- und Selleriegrün, Dillstängel, etwas Thymian, 1 kleines Lorbeerblatt)
300 ml herber Weißwein
16 Krebse

### Zubereitung
Das Wasser mit den Zutaten zum Kochen bringen. Die Krebse nacheinander in das siedende Wasser werfen und 7–10 Min. langsam kochen.

Meist werden die gargekochten Krebse in einem eigenen Topf heiß aufgetragen, da einmal erkaltete Krebse an Wohlgeschmack verlieren. Die Schalen können mit einer eigenen Krebsschere geöffnet werden. Meist aber isst man die Krebse mit der Hand. Man nimmt einen Krebs am Kopf und Schweif, macht eine rasche Gegendrehung und hat dadurch den Schweif vom Panzer gelöst. Dann entfernt man den Darm aus dem

Schweifstück und schiebt das Schwanzfleisch in den Mund. Die Scheren bricht man mit den Fingern und schlürft sie aus.

Man serviert dazu Weißbrot oder Jourgebäck. Der Krebsfond wird in Tassen à part serviert.

**WICHTIG!** Auf absolute Frische und Gesundheit achten

Wichtig ist, dass immer völlig gesunde Krebse zur Zubereitung der Speisen herangezogen werden. Nicht, dass eine Krankheit auf den Menschen übertragbar wäre, aber Krebsfleisch verdirbt außerordentlich schnell. Tote Krebse oder solche, die beim Aufheben Schwanz und Scheren schlapp herunterhängen lassen, sollen nicht mehr gekocht werden. Bereits zubereitete Krebse sind nicht für längere Aufbewahrung geeignet und sollten möglichst bald verzehrt werden.

# DANKSAGUNG

Zum Abschluss möchte ich all jenen Personen Dank sagen, die direkt und indirekt am Zustandekommen dieses Buches beteiligt waren. Im Besonderen danken möchte ich meiner geliebten Frau Gertrude, die ihr winterliches Schilehrerdasein unterbrach, um mir eine ungestörte Arbeit zu ermöglichen, und gemeinsam mit meinen Söhnen Christian und Philipp Interesse und Verständnis zeigte für meine Arbeit und Launen.

Ich danke auch all jenen, die an meiner „Krebsbesessenheit" schuld- oder teilhaben, wie jenem ominösen Dr. Hartl, welcher der Forstverwaltung, in der ich als Förster beschäftigt war, mit hinterhältiger Ahnungslosigkeit einen (gescheiterten) Signalkrebsbesatz verkaufte, wodurch mein Interesse für diese Tiere erst geweckt wurde; Herrn Dr. Max Keller, der mich in meiner Unerfahrenheit in die Geheimnisse der Krebse einweihte und Lehrer und Mentor war; den Herren und Damen der Bundesanstalt Scharfling unter der Leitung von Dr. Albert Jagsch und vor allem meinem Freund Reinhard Pekny, mit dem ich die Anfänge der Krebszucht erleben durfte, viele schöne und ebenso viele bittere Stunden verbracht habe und mit dem ich die wunderbaren Augenblicke des Krebsfanges mit einem Freund genießen kann.

Für die fotografischen Höchstleistungen zeichnet Fischereimeister Wolfgang „Seewolf" Hauer verantwortlich, der wohl als bester Fotograf aquatischer Lebewesen im deutschsprachigen Raum zu bezeichnen ist.

Widmen möchte ich dieses Buch jedoch meinem zu diesem Zeitpunkt noch ungeborenen dritten Kind. Möge es in deiner Jugend noch Bäche, Flüsse und Seen geben, wo du mit aufgeschlagenen Hosenbeinen auf Krebsfang gehen kannst, und die schmerzliche Erfahrung dir zeigt, wie man die Ritter unserer Gewässer ohne Gefahr bei ihrer Rüstung packt!

> Ich habe die Danksagung aus der Erstauflage des Buches so stehen gelassen, da ich sie für den „literarisch wertvollsten" Beitrag halte. Ich bin nun 20 Jahre älter, deutlich ruhiger, aber auch illusionsloser. Mein damals noch ungeborener Sohn Gabriel ist nun schon Student, und er hat die entsprechenden Erfahrungen gemacht.
> Meine beiden „großen" Söhne haben mir mittlerweile zwei wunderbare Enkelkinder, Konstantin und Mira, geschenkt. Diesen beiden möchte ich diese Neuauflage des Buches widmen. Sie sind mein Zeichen für Vergänglichkeit und Erneuerung, für die stete Veränderung, der alles in unserem Universum unterworfen ist.
> Auch auf unsere Gewässer bezogen: Es gibt keine stabilen Systeme. Alles ist einem permanenten Wandel ausgesetzt.

# LITERATURVERZEICHNIS

Abrahamson, St., 1971: Erneuerung der Krebsbestände mit Signalkrebs aus der Zucht von Simontorp. Schweden, Eigenverlag.

Abrahamson, St., 1972: Methods of restoration of crayfish waters in Europe. Freshwater Crayfish I.

Bohl, E., 1989: Untersuchungen an Flußkrebsbeständen. Bayerische Landesanstalt für Wasserforschung, Wielenbach.

Bott, R., 1950: Die Flußkrebse Europas. Seckenbergische Naturforschende Gesellschaft. Kramer, Frankfurt.

Cukerzis, J., 1988: Astacus astacus in Europe. Freshwater Crayfish, S. 309–340.

Dehus, P., 1995: Flußkrebse in Baden-Württemberg. Fischereiforschungsstelle des Landes Baden-Württemberg.

Eckel, H., 1981: Was koche ich heute? Econ, Wien.

Floericke, K., 1915: Gepanzerte Ritter. Gesellschaft der Naturfreunde, Stuttgart.

Groves, R. E., 1985: The crayfish: its nature and nurture. Fishing News Books Ltd, Surrey, England.

Haase, H., 1985: Der Flußkrebs in alter Zeit. Deutscher Angelsport, 9, S. 280–281.

Hobbs, H. H., 1979: Crayfish Distribution, Adaptive Radiation and Evolution. Freshwater Crayfish IV, S. 52–82.

Hoffmann, J., 1980: Die Flußkrebse. Paul Parey, Hamburg.

Holdich, D. M. und Lowery, R. S., 1988: Freshwater Crayfish. Biology, Managment, Exploitation. Croom Helm Ltd, London.

Huner, J. V., 1994: Freshwater Crayfish Aquaculture. Food Products Press, Binghampton.

Keller, M., 1987: Erbrütung von europäischen Edelkrebsen (Astacus astacus L.) und Suche nach einer wirtschaftlich interessanten Bestandesdichte bei der Aufzucht von Sömmerlingen für Besatzzwecke. Österreichs Fischerei, 87, S. 251 ff.

Laurent, P. und Suscillon, M., 1962: Les Écrevisses en France. Institute de Zoologie, Grenoble.

Lee, D. O. C. und Wickens, J. F., 1992: Crustacean Farming. Blackwell Scientific Publication, London.

Maier-Bruck, F., 1975: Das große Sacher Kochbuch. Schuler, München.

Neesemann, H., 1994: Die Krebsegel der Oberen Donau. Lauterbornia, Dinkelscherben.

Spitzy, R., 1972: Krebse in Österreich, Geschichte und derzeitige Lage. Eurocraysymp.

Spitzy, R., 1972: Das europäische Krebsproblem und seine Lösungen. AFZ-Fischwaid, 9.

Tesch, F. W., 1986: Der Aal als Konkurrent von anderen Fischen und Krebsen. Österreichs Fischerei, S. 5–20.

Westman, K. u. P., 1992: Present status of crayfish managment in Europe. Finnish Fisheries Research, 14/92.
Wintersteiger, M., 1981: Flußkrebsvorkommen in Österreich. Dissertation, Institut f. Zoologie, Universität Salzburg.
Woschitz, G., 1995: Ökologische Analyse der Landesfischereigesetze Österreichs. Abteilung Hydrobiologie, Fischereiwirtschaft und Aquakultur, Universität f. Bodenkultur, Wien.
Zeitler, K. H., 1990: Muscheln, Schnecken und Krebse. Paul Parey, Hamburg.

## Literaturverzeichnis
## „Der Signalkrebs in Europa"

Abrahamson, S., 1972: Ergebnisse der Erneuerung der schwedischen Krebsbestände mit dem Signalkrebs. Österreichs Fischerei, S. 21–24.
Abrahamson, S., 1973: The crayfish Astacus astacus in Sweden and the introduction of the American crayfish Pacifastacus leniusculus. Freshwater Crayfish, 1, S. 27–40.
Aigner, R., 1983: Bericht über den Stand des österreichischen Krebzuchtprogrammes im Sommer 1982. Österreichs Fischerei, S. 48–50.
Fürst, M., 1976: Introduction of Pacifastacus leniusculus into Sweden; Methods, results and management. Freshwater crayfish, 3, S. 229–248.
Hemsen, J., 1973: Bericht über das 1. Europäische Krebssymposium in Hinterthal. Österreichs Fischerei, S. 4–7.
Hofmann, J., 1971: Die Flusskrebse. Paul Parey, Hamburg.
Keller, M., 1997: Amerikanische Flusskrebse – eine tödliche Gefahr für unsere heimischen Arten. Fischer und Teichwirt, S. 58–62.
Kossakowski, J., 1978: The first introduction of Pacifastacus leniusculus into Polish waters. Freshwater Crayfish, 4, S. 195–196.
Kotschy, K., 1976: Finnlands Flusskrebse. Salzburgs Fischerei, 2, S. 2–7.
Lechleitner, S., Strubelt, T., 1997: Rettet den Edelkrebs. Fischer und Teichwirt, S. 233.
Lowery et al., 1984: Crayfish mortalities in the UK rivers. Freshwater Crayfish, 6, S. 234–238.
Reichle, G., 1997: Vorwort. Fischer und Teichwirt, 5.
Richards, K. J., 1981: The introduction of Signal crayfish into the UK and its development as a farm crop. Freshwater Crayfish, 5, S. 557–563.
Spitzy, R., 1972: Das europäische Krebsproblem im Jahre 1972 und seine Lösungen. AFZ-Fischwaid, 9.
Spitzy, R., 1973: Krebse in Österreich, Geschichte und derzeitige Lage. Freshwater Crayfish 1.
Spitzy, R., 1974: El cangrejo de rio americano en europa. Freshwater Crayfish, 2, S. 57–63.
Spitzy, R., 1975: Neue Erkenntnisse über den Signalkrebs. AFZ-Fischwaid, S. 206–207.
Spitzy, R. und M., Hemsen, J., Kotschy, K., 1977: Bericht über den 3. Internationalen Kongress über Süßwasserkrebse in Finnland. Österreichs Fischerei, S. 24–25.
Simontorp, A. A., 1973: Informationen über den Simontorpskrebs. Werbebroschüre.
Svärdson, G., 1968: Ti oar med signalkräftan. Svenskt Fiske, S. 377–379.
Svärdson, G., 1990: The early history of Signal Crayfish introduction into Europe. Freshwater Crayfish, 8, S. 58–77.
Unestam, T., 1966: Studies on the crayfish plague fungus Apahanomyces astaci. II Factors affecting zoospores and zoospore production. Physiol. Plant., 19, S. 1110–1119.
Unestam, T., 1973: Significance of Diseases on Freshwater Crayfish. Freshwater Crayfish, 1, S. 135–148.

Unestam, T., 1974: The danger of introducing new crayfish species. Freshwater Crayfish, 2, S. 557–561.

Westman, K., 1973: The population of Astacus astacus in Finland and the introduction of the American crayfish Pacifastacus leniusculus. Freshwater Crayfish, 1, S. 41–55.

Wintersteiger, M., 1983: Flusskrebsvorkommen in Österreich. Dissertation, Institut f. Zoologie, Universität Salzburg

# Aus unserem Programm

ISBN 978-3-7020-1143-7

ISBN 978-3-7020-1511-4

ISBN 978-3-7020-1135-2

ISBN 978-3-7020-1068-3

## Leopold Stocker Verlag
www.stocker-verlag.com
Graz – Stuttgart

# Aus unserem Programm

ISBN 978-3-7020-1213-7

ISBN 978-3-7020-1669-2

ISBN 978-3-7020-1702-6

ISBN 978-3-7020-1297-7

## Leopold Stocker Verlag
www.stocker-verlag.com
Graz – Stuttgart